한국산업인력공단 출제기준에 따른 최신판!!

한권으로 합격하는
피부미용사
필기·실기

저자 약력

이남지
- 서경대학교 일반대학원 피부미용전공 미용예술학박사
- 주) 한생화장품 교육부장
- 주) 사랑새화장품 수석 연구원
- 성신여자대학교 평생교육원 외래교수
- 국제대학교 초빙교수
- 현) 수원뷰티실용전문학교 외래교수
- 현) 한국미용사교육협회 학술위원
- 현) 한국미용건강학회 홍보이사
- 현) 엘더스파 원장

저서
- 「피부미용사 실기」 공저
- 「한국형 특수관리」

한권으로 합격하는 피부미용사 필기·실기

책을 발행하면서

　건강하고 아름답게 살고자 하는 현대인의 바람이 뷰티산업으로 발전하면서, 피부미용에 대한 관심이 높아졌습니다. 이러한 관심으로 피부미용 분야는 전문화가 되고 세분화된 지식을 요구하게 되었으며, 2008년 10월 미용사(피부) 국가자격시험이 시행되었습니다. 그리고 14년이 흘렸습니다.

　피부미용은 인체에 관련된 전문화된 지식을 바탕으로 피부미용기기, 화장품을 이용한 개개인의 특성과 개성에 맞추는 방향으로 발전되었으며, 위생과 안전이 강조되어 피부미용을 받으려고 하는 고객들이 뷰티테라피스트를 믿고 자신들의 얼굴과 전신을 아름답고 건강하게 유지 및 보호하고 개선하며 관리할 수 있게 되었습니다.

　본 교재는 위와 같은 배경에 의해 제정된 미용사(피부) 국가기술자격시험에 대비하였습니다. 출제기준에 맞춰 피부미용학, 피부미용기기학, 해부생리학, 화장품학, 공중위생관리학 그리고 실기를 학습할 수 있도록 구성하였습니다. 본 자격증 공부를 준비하는 수험들이 보다 쉽고 빠르게 시험을 이해하고 대비하는데 조금이나마 보탬이 되도록 오랫동안 피부미용현장과 교육계에서의 경험과 지식을 바탕으로 집필하였습니다. 이 책의 구성된 학습계획에 따라 공부한다면 수험생 여러분들을 합격의 길로 인도할 것이라고 믿습니다.

　끝으로 이 책이 나올 수 있도록 성심을 다해 주신 크라운출판사 여러분 모두에게 깊은 감사의 말씀을 드립니다.

저자 이남지

한권으로 합격하는 피부미용사 필기 · 실기

미용사(피부) 자격시험 안내

✪ 개요
피부미용업무는 공중위생분야로서 국민의 건강과 직결되어 있는 중요한 분야로 향후 국가의 산업구조가 제조업에서 서비스업 중심으로 전환되는 차원에서 수요가 증대되고 있다. 머리, 피부미용, 화장 등 분야별로 세분화 및 전문화 되고 있는 미용의 세계적인 추세에 맞추어 피부미용을 자격제도화 함으로써 피부미용분야 전문인력을 양성하여 국민의 보건과 건강을 보호하기 위하여 자격제도를 제정

✪ 수행직무
얼굴 및 신체의 피부를 아름답게 유지 · 보호 · 개선 관리하기 위하여 각 부위와 유형에 적절한 관리법과 기기 및 제품을 사용하여 피부미용을 수행

✪ 진로 및 전망
피부미용사, 미용강사, 화장품 관련 연구기관, 피부미용업 창업, 유학 등

✪ 검정형 자격 시험정보
1. 시행처 : 한국산업인력공단(www.hrdkorea.or.kr)
2. 응시자격 : 제한 없음
3. 취득방법
   - 훈련기관 : 대학 및 전문대학 미용 관련 학과, 노동부 관할 직업훈련학교, 시 · 군 · 구 관할 여성발전(훈련)센터, 기타 학원 등
   - 시험과목
     - 필기 : 1. 피부미용이론 2. 해부생리학 3. 피부미용기기학 4. 화장품학 5. 공중위생관리학
     - 실기 : 1. 피부미용 위생관리 2. 얼굴관리 3. 신체 각 부위별 피부관리
   - 검정방법
     - 필기 : 객관식 4지 택일형, 60문항(60분)
     - 실기 : 작업형(2~3시간)
   - 합격기준 : 100점 만점에 60점 이상

한권으로 합격하는 피부미용사 필기·실기

필기시험 출제기준

필기과목명	출제문제수	주요항목	세부항목	세세항목
피부미용이론, 해부생리학, 피부미용 기기학, 공중위생 관리학, 화장품학	60	1. 피부미용 이론	1. 피부미용개론	1. 피부미용의 개념 2. 피부미용의 역사
			2. 피부분석 및 상담	1. 피부분석의 목적 및 효과 2. 피부상담 3. 피부유형분석 4. 피부분석표
			3. 클렌징	1. 클렌징의 목적 및 효과 2. 클렌징 제품 3. 클렌징 방법
			4. 딥 클렌징	1. 딥 클렌징의 목적 및 효과 2. 딥 클렌징 제품 3. 딥 클렌징 방법
			5. 피부유형별 화장품 도포	1. 화장품도포의 목적 및 효과 2. 피부유형별 화장품 종류 및 선택 3. 피부유형별 화장품 도포
			6. 매뉴얼 테크닉	1. 매뉴얼 테크닉의 목적 및 효과 2. 매뉴얼 테크닉의 종류 및 방법
			7. 팩·마스크	1. 목적과 효과 2. 종류 및 사용방법
			8. 제모	1. 제모의 목적 및 효과 2. 제모의 종류 및 방법
			9. 신체 각 부위 (팔, 다리 등) 관리	1. 신체 각 부위(팔, 다리 등)관리의 목적 및 효과 2. 신체 각 부위(팔, 다리 등)관리의 종류 및 방법
			10. 마무리	1. 마무리의 목적 및 효과 2. 마무리의 방법
			11. 피부와 부속기관	1. 피부구조 및 기능 2. 피부 부속기관의 구조 및 기능
			12. 피부와 영양	1. 3대 영양소, 비타민, 무기질 2. 피부와 영양 3. 체형과 영양
			13. 피부장애와 질환	1. 원발진과 속발진 2. 피부질환
			14. 피부와 광선	1. 자외선이 미치는 영향 2. 적외선이 미치는 영향
			15. 피부면역	1. 면역의 종류와 작용
			16. 피부노화	1. 피부노화의 원인 2. 피부노화현상

	2. 해부생리학	1. 세포와 조직	1. 세포의 구조 및 작용 2. 조직구조 및 작용
		2. 뼈대(골격)계통	1. 뼈(골)의 형태 및 발생 2. 전신뼈대(전신골격)
		3. 근육계통	1. 근육의 형태 및 기능 2. 전신근육
		4. 신경계통	1. 신경조직 2. 중추신경 3. 말초신경
		5. 순환계통	1. 심장과 혈관 2. 림프
		6. 소화기계통	1. 소화기관의 종류 2. 소화와 흡수
	3. 피부미용기기학	1. 피부미용기기 및 기구	1. 기본용어와 개념 2. 전기와 전류 3. 기기·기구의 종류 및 기능
		2. 피부미용기기 사용법	1. 기기·기구 사용법 2. 유형별 사용방법
	4. 화장품학	1. 화장품학개론	1. 화장품의 정의 2. 화장품의 분류
		2. 화장품제조	1. 화장품의 원료 2. 화장품의 기술 3. 화장품의 특성
		3. 화장품의 종류와 기능	1. 기초 화장품 2. 메이크업 화장품 3. 모발 화장품 4. 바디(body)관리 화장품 5. 네일 화장품 6. 향수 7. 에센셜(아로마) 오일 및 캐리어 오일 8. 기능성 화장품
	5. 공중위생관리학	1. 공중보건학	1. 공중보건학 총론 2. 질병관리 3. 가족 및 노인보건 4. 환경보건 5. 식품위생과 영양 6. 보건행정
		2. 소독학	1. 소독의 정의 및 분류 2. 미생물 총론 3. 병원성 미생물 4. 소독방법 5. 분야별 위생·소독
		3. 공중위생관리법규 (법, 시행령, 시행규칙)	1. 목적 및 정의 2. 영업의 신고 및 폐업 3. 영업자준수사항 4. 면허 5. 업무 6. 행정지도감독 7. 업소 위생등급 8. 위생교육 9. 벌칙 10. 시행령 및 시행규칙 관련사항

한권으로 합격하는 피부미용사 필기·실기
실기시험 출제기준

실기과목명	주요항목	세부항목	세세항목
피부미용 실무	1. 피부미용 위생관리	1. 피부미용 작업장 위생 관리하기	1. 위생관리 지침에 따라 피부미용 작업장 위생 관리 업무를 책임자와 협의하여 준비, 수행할 수 있다. 2. 쾌적함을 주는 피부미용 작업장이 되도록 체크리스트에 따라 환풍, 조도, 냉·난방시설에 대한 위생을 점검할 수 있다. 3. 위생관리 지침에 따라 피부미용 작업장 청소 및 소독 점검표를 기록할 수 있다. 4. 피부미용 작업장 소독계획에 따른 작업장 소독을 통해 작업장의 위생 상태를 관리할 수 있다.
		2. 피부미용 비품 위생 관리하기	1. 위생관리 지침에 따라 피부미용 비품의 위생관리 업무를 책임자와 협의하여 준비, 수행할 수 있다. 2. 위생관리 지침에 따라 적절한 소독방법으로 피부관리실 내부의 비품을 소독하여 보관할 수 있다. 3. 소독제에 대한 유효기간을 점검할 수 있다. 4. 사용종류에 알맞은 피부미용 비품의 정리정돈을 수행할 수 있다.
		3. 피부미용사 위생관리하기	1. 위생관리 지침에 따라 피부미용사로서 깨끗한 위생복, 마스크, 실내화를 구비하여 착용할 수 있다. 2. 장신구는 피하고 가벼운 화장과 예의 있는 언행으로 작업장 근무 수칙을 준수할 수 있다. 3. 위생관리 지침에 따라 두발, 손톱 등 단정한 용모와 신체 청결을 유지할 수 있다.
	2. 얼굴관리	1. 얼굴클렌징하기	1. 얼굴피부유형별 상태에 따라 클렌징 방법과 제품을 선택할 수 있다. 2. 눈, 입술 순서로 포인트 메이크업을 클렌징 할 수 있다. 3. 얼굴피부유형에 맞는 제품과 테크닉으로 클렌징 할 수 있다. 4. 온습포 또는 경우에 따라 냉습포로 닦아내고 토닉으로 정리할 수 있다.
		2. 눈썹정리하기	1. 눈썹정리를 위해 도구를 소독하여 준비할 수 있다. 2. 고객이 선호하는 눈썹형태로 정리 할 수 있다. 3. 눈썹정리한 부위에 대한 진정관리를 실시할 수 있다.
		3. 얼굴 딥클렌징하기	1. 피부 유형별 딥클렌징 제품을 선택 할 수 있다. 2. 선택된 딥클렌징 제품을 특성에 맞게 적용할 수 있다. 3. 피부미용기기 및 기구를 활용하여 딥클렌징을 적용할 수 있다.
		4. 얼굴 매뉴얼테크닉 하기	1. 얼굴의 피부유형과 부위에 맞는 매뉴얼 테크닉을 하기 위한 제품을 선택할 수 있다. 2. 선택된 제품을 피부에 도포할 수 있다. 3. 5가지 기본 동작을 이용하여 매뉴얼테크닉을 적용할 수 있다. 4. 얼굴의 피부상태와 부위에 적정한 리듬, 강약, 속도, 시간, 밀착 등을 조절하여 적용할 수 있다.
		5. 영양물질 도포하기	1. 피부유형에 따라 영양물질을 선택 할 수 있다. 2. 피부유형에 따라 영양물질을 필요한 부위에 도포 할 수 있다. 3. 제품의 특성에 따른 영양물질이 흡수되도록 할 수 있다.

		6. 얼굴 팩·마스크하기	1. 피부유형에 따른 팩과 마스크종류를 선택할 수 있다. 2. 제품 성질에 맞게 팩과 마스크를 적용할 수 있다. 3. 관리 후 팩과 마스크를 안전하게 제거할 수 있다.
		7. 마무리하기	1. 얼굴관리가 끝난 후 토닉으로 피부정리를 할 수 있다. 2. 고객의 얼굴피부유형에 따른 기초화장품류를 선택할 수 있다. 3. 영양물질을 흡수시키고 자외선 차단제를 사용하여 마무리 할 수 있다.
	3. 신체 각 부위별 피부관리	1. 신체 각 부위별 클렌징하기	1. 화장품 성분에 대한 지식을 이해하고 피부상태에 따라 클렌징 방법과 제품을 선택할 수 있다. 2. 클렌징 방법을 이해하고 클렌징 제품을 팔, 다리에 도포하여 순서에 맞게 연결 동작으로 가볍게 시행할 수 있다. 3. 마무리를 위하여 온 습포 등으로 잔여물을 닦아낸 후 토너로 피부를 정리할 수 있다.
		2. 신체부위별 딥클렌징하기	1. 전신 피부 유형별 딥클렌징 제품을 선택할 수 있다. 2. 선택된 딥클렌징 제품을 특성에 따라 전신 피부 유형에 맞게 적용할 수 있다. 3. 피부미용기기 및 기구를 활용하여 딥클렌징을 적용할 수 있다.
		3. 신체 부위별 피부관리하기	1. 손, 팔, 다리의 피부유형과 피부 상태를 파악하여 피부관리에 적합한 제품을 선택, 도포할 수 있다. 2. 손, 팔, 다리의 피부 상태를 파악하고 목적에 맞는 매뉴얼 테크닉을 적용, 피부관리를 할 수 있다.
		4. 신체부위별 팩·마스크하기	1. 전신 피부유형에 따른 팩과 마스크종류를 선택할 수 있다. 2. 제품 성질에 맞게 팩과 마스크를 적용할 수 있다. 3. 관리 후 팩과 마스크를 안전하게 제거할 수 있다.
		5. 신체부위별 관리 마무리하기	1. 전신관리가 끝난 후 토닉으로 피부정리를 할 수 있다. 2. 고객의 전신 피부유형에 따른 기초화장품류를 선택할 수 있다. 3. 해당 부위에 맞는 제품을 선택 후 특성에 따라 적용할 수 있다. 4. 피부손질이 끝난 후 전신을 가볍게 이완할 수 있다.
	4. 피부미용 특수관리	1. 제모하기	1. 신체부위별 왁스를 선택하고 도구를 준비할 수 있다. 2. 제모할 부위에 털의 길이를 조절할 수 있다. 3. 제모 할 부위를 소독할 수 있다. 4. 수분제거용 파우더와 왁스를 적용할 수 있다. 5. 부위에 맞게 부직포를 밀착하여 떼어 낸 후 남은 털을 족집게로 정리할 수 있다. 6. 냉습포로 닦아낸 후 진정 제품으로 정돈할 수 있다.
		2. 림프관리하기	1. 림프관리 시 금기해야할 상태를 구분할 수 있다. 2. 림프관리시 적용할 피부상태와 신체부위를 구분할 수 있다. 3. 림프절과 림프선을 알고 적절하게 관리할 수 있다. 4. 셀룰라이트 피부를 파악하여 림프관리를 적용할 수 있다. 5. 림프정체성 피부를 파악하여 림프관리를 적용할 수 있다.

✪ 지급재료 목록

	재료명	규격	단위	수량	비고
1	핫왁스	400~500㎖	개	1	7인당 1개
2	화장솜	100개	통	1	20인당 1개

✪ 수험자 지참 공구 목록

	지참 공구명	규격	단위	수량	비고
1	위생복	상의 반팔 가운, 하의 긴 바지	벌	1	모든 복식은 흰색 통일
2	실내화	흰색	켤레	1	실내화만 허용
3	마스크	흰색	개	1	
4	대형타월	100×180㎝, 흰색	장	2	베드용, 모델용
5	중형타월	65×130㎝, 흰색	장	1	
6	소형타월	35×80㎝, 흰색	장	5장 이상	습포, 건포용
7	헤어터번(터번)	벨크로(찍찍이)형	개	1	분홍색 or 흰색
8	여성모델용 가운 및 겉가운	밴드(고무줄, 벨크로)형, 일반형(겉가운)	벌	1	분홍색 or 흰색
9	남성모델용 옷	박스형반바지 & 반팔T-셔츠	벌	1	하의-베이지 or 남색 상의 - 흰색
10	모델용 슬리퍼		켤레	1	
11	필기도구	볼펜	자루	1	검은색 or 청색
12	알코올 및 분무기		개	1	필요량
13	일반솜		봉	1	탈지면, 필요량
14	비닐봉지, 비닐백	소형	장	각 1	쓰레기처리용, 습포보관용(두꺼운 비닐백)
15	미용솜		통	1	화장솜
16	면봉		봉	1	필요량
17	티슈		통	1	필요량
18	붓	클렌징, 팩용	개	2	바디용 불가
19	해면		세트	1	필요량
20	스파튤라		개	3	클렌징, 팩용
21	보울(bowl)		개	3	클렌징, 팩 등
22	가위	소형	개	1	눈썹정리, 제모
23	족집게		개	1	눈썹정리, 제모

24	브러시		개	1	눈썹정리, 제모
25	눈썹칼	safety razer	개	1	눈썹정리
26	거즈		장	1	
27	아이패드		개	2	거즈, 화장솜 가능
28	나무스파튤라		개	1	제모용
29	부직포	7×20cm	장	1	제모용
30	장갑	라텍스	켤레	1	제모용
31	종이컵	100㎖	개	1	제모용
32	보관통	컵형	개	2	스파튤라, 붓 등
33	보관통	뚜껑달린 통	개	2	알코올 솜 등
34	해면볼	소형	개	1	
35	바구니		개	2	정리용 사각
36	트레이(쟁반)	소형	개	1	습포용
37	효소		개	1	파우더형
38	고마쥐		개	1	크림형 or 젤형
39	AHA	함량 10% 이하	개	1	액체형
40	스크럽제		개	1	크림형 or 젤형
41	팩	크림타입	set	1	정상, 건성, 지성
42	스킨토너(화장수)		개	1	모든 피부용
43	크림, 오일	매뉴얼테크닉용	개	1	모든 피부용
44	탈컴 파우더		개	1	제모용
45	진정로션 혹은 젤		개	1	제모용
46	영양크림		개	1	모든 피부용
47	아이 및 립크림		개	1	모든 피부용(공용사용가능)
48	포인트 메이크업 리무버	아이, 립	개	1	모든 피부용
49	클렌징 제품	얼굴 등	개	1	모든 피부용
50	고무볼	중형	개	1	마스크용
51	석고마스크	파우더타입	개	1	1인 사용량
52	고무모델링마스크	파우더타입	개	1	1인 사용량
53	베이스크림	크림타입	개	1	석고 마스크용
54	모델		명	1	모델기준 참조

※ 공개문제 및 수험자 지참 준비물에 언급된 도구 및 재료 중 기타 실기시험에서 요구한 작업 내용에 영향을 주지 않는 범위 내에서 수험자가 피부 미용 작업에 필요하다고 생각되는 재료 및 도구는 추가지참 할 수 있습니다.
※ 타월류의 경우는 비슷한 크기이면 무방합니다.
※ 팩과 마스크, 딥클렌징용 제품을 제외한 다른 모든 화장품은 모든 피부용을 지참해야 합니다.
※ 바구니의 경우 왜건크기보다 크면 사용할 수 없습니다.
※ 부직포는 지정된 길이에 맞게 미리 잘라서 오면 됩니다.
※ 모델기준 : 만 14세 이상의 신체 건강한 남, 여(년도기준)로 아래의 조건에 해당하지 않아야 합니다.
  ① 심한 민감성 피부 혹은 심한 농포성 여드름이 있는 사람 등 피부관리에 적합하지 않은 피부질환을 가진 사람
  ② 성형수술(코, 눈, 턱윤곽술, 주름제거 등)한지 6개월 이내인 사람
  ③ 호흡기 질환, 민감성 피부, 알레르기 등이 있는 자
  ④ 임신 중인 자
  ⑤ 정신질환자
※ 수험자가 동반한 모델도 신분증을 지참하여야 하며, 공단에서 지정한 신분증을 지참하지 않은 경우, 모델로 시험에 참여가 불가능합니다.
※ 젤리화, 크록스화, 벨크로형(찍찍이) 형태의 실내화 등도 지참 가능하며 감점사항에 해당되지 않습니다.
※ 여성 수험자는 여성모델을, 남성 수험자는 남성 모델을 준비하시면 되며 사전에 모델에게 작업에 요구되는 노출에 대한 동의를 받으셔야 합니다.
※ 수험자의 복장상태 중 위생복 속 반팔 또는 긴팔 티셔츠가 밖으로 나온 것도 감점사항에 해당됨을 양지바랍니다.
※ 큐넷(www.q-net.or.kr) 자료실 내 2021년 미용사(피부) 공개 문제 내의 수험자 유의사항(전과제 공통) 등 관련 자료를 사전에 반드시 확인하여 준비하시기 바랍니다.
※ 적용시기 : 2021년 상시 실기검정 제1회 시행 시부터

✪ 수험자 복장 감점 적용범위

구분	기준	내용	감점 적용	비고
위생복 (가운)	반팔 흰색	민소매형(민소매+반팔티 포함)	√	가운의 목깃, 허리 부분 길이, 디자인 등은 감점사항 아님
		긴팔(걷는 것도 포함)	√	
		반팔가운이지만 속티가 길게 나온 경우	√	
		하얀색 바탕에 검정무늬(단추 등 포함)	√	비표식 개념
위생복 (하의)	흰색 긴바지	검정, 회색, 아이보리, 베이지 등의 유색 하의	√	하의의 종류, 재질 및 디자인은 구분하지 않음
		긴바지가 아닌 하의(반바지, 스타킹, 츄리닝, 레깅스 등)	√	
		색줄 혹은 색무늬 있는 하의	√	
		기타 흰색 외 색상	√	
마스크	흰색	청색(하늘색 포함)	√	청색은 비표식 개념(수험자 재료목록 기재사항)
		미착용	√	
		흰색 외 색상	√	
신발	흰색 실내화	실내화가 아닌 신발(일반운동화, 구두 등 실외에서 착용하는 신발 등)	√	신발 앞 혹은 뒤가 터져 있는 경우 샌달 혹은 슬리퍼 형으로 간주
		샌달 형	√	
		슬리퍼 형	√	
		뒤가 터져 있는 간호사 신발	√	
		선명하고 확실하게 구분되는 두꺼운 줄 및 무늬가 있는 신발	√	
		기타 흰색 외 색상	√	
티셔츠	흰색	흰색을 제외한 유색 티셔츠(가운 밖으로 노출이 되는 경우)	√	비표식 개념
		목 전체를 덮는 폴라티	√	
양말	흰색	흰색 외 색상(표시가 나는 유색 스타킹 등도 포함) ※ 표시가 나지 않는 스타킹은 감점 제외 ※ 양말을 안신은 경우(맨발)는 감점	√	복식은 흰색으로 통일하도록 되어 있으며, 유색은 비표식 개념
기타	검은색	검은색을 제외한 머리띠 및 머리망, 머리핀 등의 머리 고정용품	√	머리용은 검은색으로 통일하도록 되어 있으며, 흰색은 규정위반

※ 양말 – 상표, 유색 테두리 허용
※ 신발 = 상표, 유색 테두리 허용 (제시된 사진 참고)
※ 젤리화, 크록스화, 벨크로형(찍찍이) 형태의 실내화 등도 지참 가능하며 감점사항에 해당되지 않습니다.
※ 반팔 위생복(가운)의 팔부위에서 안쪽 옷(티셔츠)이 밖으로 나오면 감점
※ 허용 양말 및 신발 사진 예시

목차

[필기]

Part 1 피부미용학

- 01 피부미용 개론 ······ 16
- 02 피부분석 및 상담 ······ 17
- 03 클렌징 ······ 20
- 04 딥 클렌징 ······ 21
- 05 피부유형별 화장품 도포 ······ 22
- 06 매뉴얼 테크닉 ······ 28
- 07 팩·마스크 ······ 29
- 08 제모 ······ 30
- 09 신체 각 부위(팔, 다리 등) 관리 ······ 31
- 10 마무리 ······ 31
- 11 피부와 부속기관 ······ 32
- 12 피부와 영양 ······ 35
- 13 피부장애와 질환 ······ 38
- 14 피부와 광선 ······ 41
- 15 피부면역 ······ 41
- 16 피부노화 ······ 42
- 피부미용학 예상문제 ······ 43

Part 2 해부생리학

- 01 세포와 조직 ······ 51
- 02 뼈대(골격)계통 ······ 52
- 03 근육계통 ······ 53
- 04 신경계통 ······ 54
- 05 순환계통 ······ 55
- 06 소화기계통 ······ 56
- 07 내분비계 ······ 58
- 08 배설계 ······ 59
- 09 생식기계 ······ 59
- 해부생리학 예상문제 ······ 61

목차

Part 3 　 피부미용기기학

01　피부미용기기 및 기구 ·· 63
02　피부미용기기 사용법 ·· 67
피부미용기기학 예상문제 ·· 72

Part 4 　 화장품학

01　화장품학개론 ··· 75
02　화장품제조 ··· 76
03　화장품의 종류와 기능 ·· 79
화장품학 예상문제 ·· 86

Part 5 　 공중위생관리학

01　공중 보건학 ··· 89
02　소독학 ··· 95
03　공중위생관리법규(법, 시행령, 시행규칙) ································· 100
공중위생관리학 예상문제 ··· 106

[실기]

유의사항 ·· 114
01　얼굴관리 ··· 116
02　팔, 다리관리 ··· 158
03　림프를 이용한 피부관리 ··· 177

01

필기

01 피부미용학

Chapter 01 : 피부미용 개론

① 피부미용의 개념

피부미용은 두발을 제외한 얼굴 및 전신의 피부를 아름답게 유지, 보호, 개선, 관리하는 것으로, 과학적 지식을 바탕으로 각 부위의 유형별 매뉴얼 테크닉과 기기 및 제품을 이용하여 피부를 건강하고 아름답게 유지 또는 개선시키는 것이다.

> **피부미용의 다양한 이름**
> - 독일 : kosmetik
> - 영국 : cosmetic
> - 미국 : skin care, esthetic
> - 프랑스 : esthetique
> - 일본 : esty

1) 피부미용의 영역
안면 관리, 전신 관리, 발 관리, 제모, 제품 판매, 홈 케어에 대한 조언이 피부미용의 영역에 속한다.

② 피부미용의 역사

1) 서양
① 이집트시대 : 종교의식을 중심으로 미용이 행해졌으며, 클레오파트라는 우유와 진흙을 사용하여 목욕을 하였다.
② 그리스시대 : 건강한 정신과 건강한 신체를 중요시하여 청결함과 깨끗함 피부를 가꾸는데 노력하였다.
③ 로마시대 : 갈렌은 장미수와 벌꿀, 올리브오일을 섞어 콜드크림의 원조인 크림을 개발하였고, 염소젖과 오일을 이용하는 매뉴얼 테크닉이 성행하였다.
④ 중세시대 : 종교적 영향에 의해 미용문화를 제약 받아 피부를 깨끗하게 관리하는 것으로 중점을 두었다.
⑤ 르네상스 시대 : 위생과 청결의 개념이 없어 향수가 발달하고, 화장수 및 크림과 팩, 피부세정제가 발달하였다.

⑥ 근세(19세기) : 위생과 청결이 중시되어 비누 사용이 보편화 되었다.
⑦ 현대(20세기~) : 다양한 화장품이 개발되었고, 대량생산으로 대중화되었다. 생화학, 전기학 등의 과학기술을 이용한 피부미용기술이 발전되었다.

2) 우리나라
① 고대시대 : 쑥과 마늘을 이용한 미백관리, 돼지기름을 이용하여 피부보호, 오줌을 이용하여 피부미백의 효과를 보았다.
② 삼국시대 : 팥, 녹두, 쌀겨 등으로 세제가 발달하였다.
③ 고려시대 : 목욕문화가 발달하여 천연물질로 입욕제로 사용하였다.
④ 조선시대 : 미용을 소개하는 '규합총서'가 저술되었고, 난, 삼을 이용한 목욕법과 참기름을 이용한 피부를 관리하며, 숙종 때는 판매용 화장품이 최초로 제조되었다.
⑤ 근대 : '박가분'이 우리나라 최초로 기업화되어 판매되었다.
⑥ 현대 : 1960년 이후 본격적으로 화장품 산업이 발달되었고, 1980년 이후 색조 화장품과 기능성 화장품이 출시되어 화장품 산업이 더욱 확대되었다.

Chapter 02 : 피부분석 및 상담

① 피부분석의 목적 및 효과

고객의 피부 상태를 정확하게 파악하여 앞으로의 관리방법과 계획을 세운다.

1) 피부분석 방법
① 문진 : 질문을 통하여 정보를 얻는 방법이다.
② 견진 : 육안으로 분석하는 방법이다.
③ 촉진 : 만져 보거나 눌러서 분석하는 방법이다.
④ 기기를 통한 분석 : 확대경, 우드램프, pH 측정기, 유분측정기, 수분측정기, 스킨스코프 등을 활용하여 분석하는 방법이다.

② 피부상담

① 고객의 생활습관, 식생활, 일상 업무, 건강상태를 조사하여 문제의 원인을 파악한다.
② 전문적인 지식을 바탕으로 고객에게 시행할 피부 관리 방법 및 제품, 기기사용 등의 목적과 특징을 설명한다.

③ 피부유형분석

1) 중성(정상)피부
    ① 유·수분의 밸런스가 잡혀있기 때문에 피부표면이 매끄럽고 부드럽다.
    ② 모공이 섬세하고 탄력성이 좋다.
    ③ 계절 변화에 따라 약건성이나 지성으로 바뀔 수 있다.
    ④ 각질층의 수분함량이 10~20%로 정상이다.
    ⑤ 탄력이 좋고, 주름이 없다.

2) 건성 피부
    ① 모공이 작고 피부 결이 얇으며 표면이 맑지가 않다.
    ② 피지선과 한선의 기능이 저하되어 건조하며 잔주름이 보인다.
    ③ 각질층의 수분 함량이 10% 이하로 부족하다.
    ④ 세안 후 심하게 당김이 있다.
    ⑤ 화장이 잘 받지 않고 들뜨기 쉽다.
    ⑥ 노화현상이 빠르게 나타난다.
    ⑦ 피부타입별 특징
        ㉠ 표피건성피부 : 심한 냉·난방이나 환절기 등의 외부 환경적 요인이 원인이 되어 발생한다.
        ㉡ 진피건성피부 : 피부자체의 수분 공급기능 이상이 내부요인에 의해 발생되어 피부 노화로 진행될 수 있다.

3) 지성 피부
    ① 각질층이 두껍고 탁해 보인다.
    ② 피부가 거칠고 모공이 넓다.
    ③ 화장이 잘 지워지며, 여드름이 생기기 쉬우며 굵은 주름을 형성한다.
    ④ 피지가 과다 분비되어 항상 번들거린다.

4) 복합성 피부
    ① 두 가지 이상의 피부가 함께 존재한다.
    ② T-Zone은 지성피부나 여드름 피부, U-Zone은 건성으로 나타난다.
    ③ 피부 톤이나 조직이 일정하지 않으며, 화장품 성분에 민감하여 피부에 맞는 화장품의 선택이 어렵다.

5) 민감성 피부
    ① 트러블이 쉽게 일어나며, 환경변화에 쉽게 반응한다.
    ② 피부 당김이 심하고, 건조화 되기 쉽다.
    ③ 색소침착이 일어나기 쉽다.

6) 여드름 피부
    ① 각질층이 정상보다 두껍고 모공이 크다.
    ② 피부 결이 울퉁불퉁하고 거칠다.
    ③ 화장이 잘 지워지고, 늘 번들거린다.
    ④ 구진 → 농포 → 결절 → 낭종으로 나타나고, 심하면 흉터도 생긴다.

7) 모세혈관 확장 피부
    ① 표피가 얇고 실핏줄이 드러나 보인다.
    ② 체온이 낮은 뺨이나 코 망울 주위에 많이 생긴다.
    ③ 피부 당김이 심하고 달아오르는 느낌이 있다.
    ④ 각화과정이 정상보다 빨리 진행되어 각질층이 얇다.

8) 노화 피부
    ① 피부가 건조하고 당김이 심하다.
    ② 탄력이 없고 잔주름이 많다.
    ③ 자외선에 대한 방어력이 떨어져 색소침착이 일어난다..
    ④ 면역성이 떨어진다.

④ 피부분석표

분석표에 기록된 고객신상, 피부 문진상담, 피부분석 등의 결과를 종합하여 피부를 분석한 후 피부 관리 프로그램을 계획하여 피부관리를 한다. 관리가 끝나면 피부 분석표 뒷면에 관리 날짜, 관리 내용과 사용제품을 기입하고, 고객의 피부관리를 위해 제품추천 및 홈 케어를 위한 조언을 해 준다. 조언한 홈 케어 내용을 구체적으로 기록하여 다음 관리 시 참고 자료로 활용한다. 관리가 끝나면 예약을 확인하고 다음 손님을 위한 준비를 한다.

1) 피부분석차트
    이름, 생년월일, 주소, 전화번호, 약물복용 여부, 알레르기, 임시 여부, 식습관, 사전관리 여부, 보습상태, 피지량, 모공크기, 혈색, 색소침착, 피부탄력, 여드름, 민감도, 주름, UV예민도, 현재의 홈케어 방법 등을 기록한다.

2) 관리계획표
    피부질환유무, 관리목적, 기대효과, 클렌징, 딥클렌징, 매뉴얼테크닉 형태, 기기적용, 마스크 제품명, 홈 케어 조언 등 계획을 기록한다.

Chapter 03 : 클렌징

① 클렌징의 목적 및 효과

1) 클렌징의 목적

피부표면에 붙어있는 피지, 죽은 각질, 땀의 잔여물 등의 피부생리 대사물질이나 외부로부터 파생되는 먼지, 미생물, 이물질, 메이크업의 잔여물 등을 제거하는 것이다.

2) 클렌징의 효과

노폐물 제거, 혈액순환과 신진대사 촉진, 다음 단계에서 사용될 화장품의 유효성분 흡수를 도와준다.

② 클렌징 제품

1) 클렌징 크림
   ① 세정력이 뛰어나 진한 메이크업을 하고 난 후 이중 세안이 필요하다.
   ② 예민한 피부는 피하는 것이 좋다.

2) 클렌징 로션
   ① 친수성으로 자극이 적어 모든 피부에 효과적이다.
   ② 세정력이 약하여 가벼운 화장을 지울 때 사용한다.
   ③ 피부에 부담이 적어 민감성, 건성, 노화피부에 효과적이다.

3) 클렌징 오일
   ① 물과 친화력이 있는 오일과 친수성 계면활성제를 사용하여 물에 잘 용해된다.
   ② 사용감이 좋고 세정력이 우수하다.
   ③ 자외선에 대한 방어력이 떨어져 색소침착이 일어난다.
   ④ 민감성, 건성, 노화피부에 효과적이다.

4) 클렌징 워터

Eye&Lip Make-up Remover 용도로 사용한다.

5) 클렌징 젤

Oil 성분이 전혀 함유되지 않는 제품으로 민감성, 알레르기성, 여드름 피부에 사용한다.

6) 클렌징 폼
   ① 비누의 단점인 피부 당김과 자극을 제거한 제품이다.
   ② 알칼리 작용으로 피부에 있는 노폐물을 제거한다.
   ③ 민감성, 건성 피부의 경우 순한 약산성 비누를 사용하는 것이 좋다.

③ 클렌징 방법

1) **1단계(포인트 메이크업 클렌징)**
   Point Make-up Remover를 이용하여 눈과 입술의 색조화장을 지운다.
2) **2단계(얼굴 클렌징)**
   얼굴과 목 데콜테(앞가슴) 등의 피부표면의 노폐물을 제거한다.
3) **3단계(토너)**
   클렌징의 마지막 단계로 피부 정돈을 해 주며, pH 밸런스 유지 및 보습의 효과가 있다.

Chapter 04 : 딥 클렌징

① 딥 클렌징의 목적 및 효과

일반적인 클렌징으로 제거할 수 없는 모낭 속 깊은 곳의 노폐물과 노화된 각질층을 제거하고, 영양 물질의 흡수를 용이하게 할 목적이다.
① 피부의 분비기능 원활
② 유효 성분의 피부흡수 기능을 촉진
③ 각질 형성세포의 증식활동 촉진

② 딥 클렌징 제품

1) **물리적 제품**
   ① 스크럽제 : 알갱이가 있는 세안제로 얼굴의 마찰을 통하여 각질을 제거한다.
      → 정상, 지성 피부
   ② 고마쥐 : 피부에 얇게 펴 바른 후 피부결을 따라 가볍게 문질려 각질을 제거한다.
      → 정상, 지성, 건성 피부

2) **화학적 제품**
   ① 효소 : 단백질을 분해하는 효소가 촉매제로 작용하여 죽은 각질을 분해한다. 피부에 발라 두고 적절한 온도와 습도를 만들면 효소가 작용하여 효과가 나타난다.
      → 정상, 건성, 지성, 민감성 피부
   ② AHA : 과일에서 추출한 천연 과일산으로 노화된 각질로 인하여 거칠어진 피부를 유연하게 한다.(글리콜릭산 : 사탕수수, 주석산 : 포도, 사과산 : 사과, 젖산 : 우유, 구연산 : 감귤류에서 추출)
      → 지성 피부

③ 딥 클렌징 방법

1) 화장품도포의 목적 및 효과
    ① 스크럽제 : 알갱이가 있는 세안제로 얼굴의 마찰을 통하여 각질을 제거한다.
    ② 고마쥐 : 피부에 얇게 펴 바른 후 피부결을 따라 손을 이용하여 가볍게 문질려 각질을 제거한다.
       → 정상, 지성, 건성피부
    ③ 효소 : 단백질을 분해하는 효소가 촉매제로 작용하여 죽은 각질을 분해한다. 피부에 발라 두고 적절한 온도와 습도를 만들면 효소가 작용하여 효과가 나타난다. → 정상, 건성, 지성, 민감성피부
    ④ AHA : 과일에서 추출한 천연 과일산으로 노화된 각질로 인하여 거칠어진 피부를 유연하게 한다. (글리콜릭산 : 사탕수수, 주석산 : 포도, 사과산 : 사과, 젖산 : 우유, 구연산 : 감귤류에서 추출) → 지성피부

2) 피부유형별 화장품 종류 및 선택
    ① 정상피부 : 스크럽제, 고마쥐, 효소
    ② 지성피부 : 스크럽제, 고마쥐, 효소, AHA
    ③ 건성피부 : 고마쥐, 효소
    ④ 민감성피부 : 효소

Chapter 05 : 피부유형별 화장품 도포

① 피부유형별 화장품 도포의 목적 및 효과

세정작용, 피부정돈 작용, 피부보호 작용, 영양 공급 및 신진대사 활성화 작용

② 피부유형별 화장품의 종류 및 선택

1) 중성 피부

이상적인 피부의 상태이므로 현 상태를 유지하기 위한 피부의 영양공급과 유·수분의 밸런스, 노화예방 관리를 목적으로 한다.
    ① 클렌징 : 로션타입을 선택한다.
    ② 딥 클렌징 : 주 1회 효소타입이나 스크럽제, 고마쥐를 이용한다.
    ③ 화장수 : 정상피부용 화장수를 이용한다.
    ④ 매뉴얼테크닉 : 주 1회 수분 크림이나 마사지크림을 이용하여 혈액순환과 신진대사를 촉진한다.
    ⑤ 팩 : 주 1회 보습효과가 있는 팩이나 마스크를 사용한다.

⑥ 피부 관리법
ⓞ 마무리 : 수분크림이나 자외선차단제를 이용하여 피부를 보호한다.
ⓛ 아침 : 물 세안 → 토너 → 아이크림 → 에센스 → 수분크림 → 자외선차단제
ⓒ 저녁 : 이중 세안 또는 (클렌징 로션 → 폼 클렌징) → 토너 → 아이크림 → 수분에센스 → 수분크림

2) 건성피부

피부 표면에 유분과 수분을 공급하여 피부의 건조함과 잔주름 개선에 도움을 주는 관리를 목적으로 한다.
① 클렌징 : 로션이나 크림타입을 선택한다.
② 딥 클렌징 : 주 1회 효소타입이나 AHA, 고마쥐를 이용한다.
③ 화장수 : 알코올 함유가 없고 수분과 유분이 있는 화장수를 이용한다.
④ 매뉴얼테크닉 : 주 1회 수분과 영양크림이나 마사지크림을 이용하여 혈액순환과 신진대사를 촉진한다.
⑤ 팩 : 주 1회 영양성분과 수분함유가 많은 팩이나 마스크를 사용한다.
⑥ 피부 관리법
ⓞ 마무리 : 수분크림이나 영양성분이 많은 크림을 사용하고 자외선차단제를 이용하여 피부를 보호한다.
ⓛ 아침 : 미지근한 물 세안 → 유연화장수 → 아이크림 → 에센스 → 수분크림 → 자외선차단제
ⓒ 저녁 : 클렌징 로션 → 폼 클렌징(이중 세안) → 토너 → 아이크림 → 에센스 → 영양크림

3) 지성 피부

피지 샘에서 피지가 과다하게 분비되므로 피지를 제거하고, 피지 분비를 조절하여 pH 밸런스를 맞추어 주는 목적으로 한다.
① 클렌징 : 젤 타입을 선택한다.
② 딥 클렌징 : 주 1회 효소 타입이나 스크럽제, 고마쥐와 AHA를 이용한다.
③ 화장수 : 알코올이 함유된 화장수를 이용한다.
④ 매뉴얼테크닉 : 주 1회 수분 크림이나 유분이 적은 크림을 이용하여 혈액순환과 신진대사를 촉진한다.
⑤ 팩 : 주 1회 보습효과가 있는 팩이나 피지 조절해 주는 클레이 마스크를 사용한다.
⑥ 피부 관리법
ⓞ 마무리 : 수분크림 또는 피지조절해 주는 크림을 사용하고, 자외선차단제를 이용하여 피부를 보호한다.
ⓛ 아침 : 물 세안 → 수렴화장수 → 아이크림 → 피지조절에센스 → 수분크림 → 자외선차단제
ⓒ 저녁 : 클렌징 젤 → 폼 클렌징(이중 세안) → 수렴화장수 → 아이크림 → 수분에센스 → 보습크림

4) 복합성 피부

유분과 수분의 균형적인 관리에 중점을 두며, 부위에 따라 차별적인 관리를 하는데 목적으로 한다.

① 클렌징 : 로션타입을 선택한다.
② 딥 클렌징 : 주 1회 부위에 따라 효소 타입이나 스크럽제, 고마쥐 또는 AHA를 이용한다.
③ 화장수 : 보습과 알코올이 함유된 화장수를 이용한다.
④ 매뉴얼테크닉 : 주 1회 수분 크림이나 영양이 함유된 마사지크림을 이용하여 혈액순환과 신진대사를 촉진한다.
⑤ 팩 : 부위에 따라 주 1회 보습효과가 있는 팩이나 또는 피지 흡착이 높은 팩과 마스크를 사용한다.
⑥ 피부 관리법
   ㉠ 마무리 : 수분크림이나 자외선차단제를 이용하여 피부를 보호한다.
   ㉡ 아침 : 미지근한 물 세안 → T-Zone 수렴화장수, U-Zone 유연화장수 → 아이크림 → T-Zone 피지조절에센스, U-Zone 수분에센스 → 수분크림 → 자외선차단제
   ㉢ 저녁 : 이중 세안(클렌징 로션, 폼 클렌징) → 토너 → 아이크림 → 수분에센스 → 보습크림

5) 민감성 피부

피부자극을 최소화 하고 피부를 진정시키는데 목적으로 한다.

① 클렌징 : 저자극성의 로션타입을 선택한다.
② 딥 클렌징 : 주 1회 효소타입을 이용한다.
③ 화장수 : 알코올이 함유되지 않은 화장수를 이용한다.
④ 매뉴얼테크닉 : 주 1회 수분 크림을 이용하여 혈액순환과 신진대사를 촉진한다.
⑤ 팩 : 주 1회 보습효과와 진정시킬 수 있는 성분이 함유된 팩이나 마스크를 사용한다.
⑥ 마무리 : 민감성 수분크림이나 자외선차단제를 이용하여 피부를 보호한다.

6) 여드름 피부

지성피부가 면포, 구진, 농포로 진행되면서 발전된 피부이므로 항균, 소염을 관리하는 목적으로 한다.

① 클렌징 : 클렌징 젤을 선택한다.
② 딥 클렌징 : 주 1회 효소 타입과 AHA를 이용한다.
③ 화장수 : 알코올이 함유된 화장수를 이용한다.
④ 매뉴얼테크닉 : 주 1회 살리실산, 비타민 A, AHA 성분이 함유된 화장품을 이용하여 피지조절과 필링을 해 준다.
⑤ 팩 : 주 1회 보습효과가 있는 팩이나 마스크를 사용한다.
⑥ 마무리 : 수분크림과 피지조절과 항염이 함유된 크림을 사용하고, 자외선차단제를 이용하여 피부를 보호한다.

7) 노화피부

노화는 자연적 노화와 광노화로 분리되므로, 광노화는 자외선을 차단시키며, 일반적인 노화는 노화가 조금 지연되도록 관리해주는 목적이 있다.

① 클렌징 : 크림타입을 선택한다.
② 딥 클렌징 : 주 1회 효소 타입이나 고마쥐를 이용한다.
③ 화장수 : 유분과 수분이 함유된 화장수를 이용한다.
④ 매뉴얼테크닉 : 주 1회 영양성분이 함유된 마사지크림을 이용하여 혈액순환과 신진대사를 촉진한다.
⑤ 팩 : 주 1회 영양성분과 수분이 많이 함유된 팩이나 마스크를 사용한다.
⑥ 마무리 : 오전에는 피부를 보호하는 보호크림, 자외선차단제를 이용하여 피부를 보호하고, 나이트는 영양이 많이 함유된 나이트크림을 이용하여 피부에 영양을 공급하여 노화를 지연시킨다.

8) 모세혈관 확장 피부

모세혈관이 더 이상 확장되지 않도록 피부를 진정하는데 관리하는 목적이 있다.

① 클렌징 : 로션타입을 선택한다.
② 딥 클렌징 : 주 1회 효소타입을 이용한다.
③ 화장수 : 무알콜 화장수를 이용한다.
④ 매뉴얼테크닉 : 매뉴얼테크닉은 시행하지 않고, 냉각기기를 이용하여 진정시켜 준다.
⑤ 팩 : 주 1회 진정효과가 있는 팩이나 마스크를 사용한다.
⑥ 마무리 : 민감 전용크림과 자외선차단제를 이용하여 피부를 보호한다.

③ 피부유형별 화장품 도포

1) 중성 피부

① 클렌징 : 로션타입을 선택한다.
② 딥클렌징 : 주 1회 효소타입이나 스크럽제, 고마쥐를 이용한다.
③ 화장수 : 정상피부용 화장수를 이용한다.
④ 매뉴얼테크닉 : 주 1회 수분 크림이나 마사지크림을 이용하여 혈액순환과 신진대사를 촉진한다.
⑤ 팩 : 주 1회 보습효과가 있는 팩이나 마스크를 사용한다.
⑥ 마무리 : 수분크림이나 자외선차단제를 이용하여 피부를 보호한다.
- 아침 : 물 세안 → 토너 → 아이크림 → 에센스 → 수분크림 → 자외선차단제
- 저녁 : 이중세안(클렌징로션, 폼클렌징) → 토너 → 아이크림 → 수분에센스 → 수분크림

2) 건성피부
　① 클렌징 : 로션이나 크림타입을 선택한다.
　② 딥클렌징 : 주 1회 효소타입이나 AHA, 고마쥐를 이용한다.
　③ 화장수 : 알코올 함유가 없고 수분과 유분이 있는 화장수를 이용한다.
　④ 매뉴얼테크닉 : 주 1회 수분과 영양크림이나 마사지크림을 이용하여 혈액순환과 신진대사를 촉진한다.
　⑤ 팩 : 주 1회 영양성분과 수분함유가 많은 팩이나 마스크를 사용한다.
　⑥ 마무리 : 수분크림이나 영양성분이 많은 크림을 사용하고 자외선차단제를 이용하여 피부를 보호한다.
　　• 아침 : 미지근한 물 세안 → 유연화장수 → 아이크림 → 에센스 → 수분크림 → 자외선차단제
　　• 저녁 : 클렌징로션 → 폼클렌징(이중세안) → 토너 → 아이크림 → 에센스 → 영양크림

3) 지성 피부
　① 클렌징 : 젤 타입을 선택한다.
　② 딥 클렌징 : 주 1회 효소 타입이나 스크럽제, 고마쥐와 AHA를 이용한다.
　③ 화장수 : 알코올이 함유된 화장수를 이용한다.
　④ 매뉴얼테크닉 : 주 1회 수분 크림이나 유분이 적은 크림을 이용하여 혈액순환과 신진대사를 촉진한다.
　⑤ 팩 : 주 1회 보습효과가 있는 팩이나 피지 조절해 주는 클레이 마스크를 사용한다.
　⑥ 마무리 : 수분크림 또는 피지조절해 주는 크림을 사용하고, 자외선차단제를 이용하여 피부를 보호한다.
　　• 아침 : 물 세안 → 수렴화장수 → 아이크림 → 피지조절에센스 → 수분크림 → 자외선차단제
　　• 저녁 : 클렌징젤 → 폼클렌징(이중세안) → 수렴화장수 → 아이크림 → 수분에센스 → 보습크림

4) 복합성 피부
　① 클렌징 : 로션타입을 선택한다.
　② 딥 클렌징 : 주 1회 부위에 따라 효소 타입이나 스크럽제, 고마쥐 또는 AHA를 이용한다.
　③ 화장수 : 보습과 알코올이 함유된 화장수를 이용한다.
　④ 매뉴얼테크닉 : 주 1회 수분 크림이나 영양이 함유된 마사지크림을 이용하여 혈액순환과 신진대사를 촉진한다.
　⑤ 팩 : 부위에 따라 주 1회 보습효과가 있는 팩이나 또는 피지 흡착이 높은 팩과 마스크를 사용한다.
　⑥ 마무리 : 수분크림이나 자외선차단제를 이용하여 피부를 보호한다.
　　• 아침 : 미지근한 물세안 → T-Zone 수렴화장수, U-Zone 유연화장수 → 아이크림 → T-Zone 피지조절에센스, U-Zone 수분에센스 → 수분크림 → 자외선차단제
　　• 저녁 : 이중세안(클렌징로션, 폼클렌징) → 토너 → 아이크림 → 수분에센스 → 보습크림

5) 민감성 피부
① 클렌징 : 저자극성의 로션타입을 선택한다.
② 딥 클렌징 : 주 1회 효소타입을 이용한다.
③ 화장수 : 알코올이 함유되지 않은 화장수를 이용한다.
④ 매뉴얼테크닉 : 주 1회 수분 크림을 이용하여 혈액순환과 신진대사를 촉진한다.
⑤ 팩 : 주 1회 보습효과와 진정시킬 수 있는 성분이 함유된 팩이나 마스크를 사용한다.
⑥ 마무리 : 민감성 수분크림이나 자외선차단제를 이용하여 피부를 보호한다.

6) 여드름 피부
① 클렌징 : 클렌징 젤을 선택한다.
② 딥 클렌징 : 주 1회 효소 타입과 AHA를 이용한다.
③ 화장수 : 알코올이 함유된 화장수를 이용한다.
④ 매뉴얼테크닉 : 주 1회 살리실산, 비타민 A, AHA 성분이 함유된 화장품을 이용하여 피지 조절과 필링을 해 준다.
⑤ 팩 : 주 1회 보습효과가 있는 팩이나 마스크를 사용한다.
⑥ 마무리 : 수분크림과 피지조절과 항염이 함유된 크림을 사용하고, 자외선차단제를 이용하여 피부를 보호한다.

7) 노화피부
① 클렌징 : 크림타입을 선택한다.
② 딥클렌징 : 주 1회 효소 타입이나, 고마쥐를 이용한다.
③ 화장수 : 유분과 수분이 함유된 화장수를 이용한다.
④ 매뉴얼테크닉 : 주 1회 영양성분이 함유된 마사지크림을 이용하여 혈액순환과 신진대사를 촉진한다.
⑤ 팩 : 주 1회 영양성분과 수분이 많이 함유된 팩이나 마스크를 사용한다.
⑥ 마무리 : 오전에는 피부를 보호하는 보호크림, 자외선차단제를 이용하여 피부를 보호하고, 나이트는 영양이 많이 함유된 나이트크림을 이용하여 피부에 영양을 공급하여 노화를 지연시킨다.

8) 모세혈관 확장 피부
① 클렌징 : 로션타입을 선택한다.
② 딥클렌징 : 주 1회 효소타입을 이용한다.
③ 화장수 : 무알콜 화장수를 이용한다.
④ 매뉴얼테크닉 : 매뉴얼테크닉은 시행하지 않고, 냉각기기를 이용하여 진정시켜 준다.
⑤ 팩 : 주 1회 진정효과가 있는 팩이나 마스크를 사용한다.
⑥ 마무리 : 민감 전용크림과 자외선차단제를 이용하여 피부를 보호한다.

Chapter 06 : 매뉴얼 테크닉

① 매뉴얼 테크닉의 목적 및 효과

① 혈액순환을 촉진으로 신진대사를 증진한다.
② 피부의 온도가 상승되어 화장품의 흡수를 높인다.
③ 부교감신경을 자극하여 신경을 안정시키고, 스트레스 완화시켜준다.
④ 결체조직의 노폐물과 노화된 각질을 제거하여 피부의 청정작용을 한다.
⑤ 스트레스로 인한 긴장된 근육의 이완으로 통증을 완화해준다.

② 매뉴얼 테크닉의 종류 및 방법

1) 쓰다듬기 : 경찰법(effleurage)
   ① 주로 시작과 끝에 많이 사용한다.
   ② 손바닥 전체로 피부를 부드럽게 쓰다듬으며, 손바닥으로 최대한 누르며 속도는 일정하게 한다.
   ③ 손목과 손의 힘을 빼고 시행한다.

2) 문지르기 : 마찰법, 강찰법(friction)
   ① 손가락 패드부분을 피부에 대고 원을 그리며 조금씩 이동하는 동작이다.
   ② 주름이 생기기 쉬운 눈가나 팔자주름 또는 미간부분에 실시한다.
   ③ 노화 건성피부에 효과적이다.

3) 반죽하기 : 유찰법, 유연법(petrissage)
   ① 엄지 또는 나머지 네 손가락을 이용하여 근육을 잡다가 놓는 방법으로, 짜면서 반죽하듯이 주무른다.

4) 두드리기 : 고타법, 경타법, 타진법(tapotement)
   ① 손바닥을 오므려 손 전체를 두드리는 전신마사지에 사용한다.
   ② 얼굴은 손가락 끝으로 두드린다.
   ③ 말초 신경을 자극하여 과잉지방축적을 방지할 수 있다.

5) 떨기 : 흔들기, 진동법(vibration)
   ① 피부를 흔들어서 진동시키는 동작으로 근육이 이완시키고 근육의 경련을 풀어준다.
   ② 손바닥 전체에 힘을 주고 피부에 빠르고 고른 진동을 준다.
   ③ 혈액순환과 림프순환을 도와준다.

📖 매뉴얼테크닉이 적합하지 않은 경우
① 극도로 민감하거나 상처가 있는 피부
② 수술 직후나 피부질환이 있는 경우
③ 알레르기 증상이 있거나 염증이나 피부의 홍반현상이 있는 경우
④ 임신 후 3개월 이전이나 9개월 이후의 산모

Chapter 07 : 팩·마스크

① 팩·마스크의 목적 및 효과

① 혈액순환과 림프순환을 촉진시켜, 영양을 공급하여 신진대사를 원활히 시켜준다.
② 흡착작용으로 피부 속의 노폐물을 배출하고 불필요한 각질을 제거한다.
③ 수분 증발을 억제시켜 피부를 촉촉하게 한다.
④ 유효성분에 따라 피부에 필요한 수분과 영양을 보충한다.
⑤ 피부의 기능을 정상화 시켜 피부색을 맑게 한다.

② 팩·마스크의 종류 및 사용방법

1) **크림 타입** : 영양, 보습, 유연, 정화 작용으로 모든 피부에 사용가능하며, 팩을 도포 후 15~20분 후 제거한다.
2) **시트 타입** : 콜라겐과 활성성분을 건조시킨 종이를 얼굴모양에 맞추어 올린 후 증류수나 화장수 용액을 적셔 일정시간 후에 제거한다.
3) **파우더 타입** : 분말타입으로 증류수 또는 화장수를 이용하여 사용한다. 피부 도포 후 수분이 증발되면 응고가 되어 고무타입으로 변한다. 도포 후 15~20분 후 제거한다.
4) **왁스 타입** : 영양 침투와 피부의 유연성을 높이는 데 뛰어나며, 유효성분을 도포하고 거즈를 올린 후에 왁스를 도포하고 15분 후 제거한다.

📒 기능성 특수 팩

1) 콜라겐 벨벳 마스크
   ① 주성분 : 콜라겐, 히알루론산, 뮤코다당류 등의 성분이다.
   ② 효능 : 피부의 수분증가와 탄력 및 주름완화에 효과적이며 피부가 맑아진다.
   ③ 적용피부 : 모든 피부에 사용가능하다.
2) 석고마스크
   ① 주성분 : 크리스탈, 벤토나이트, 황산칼륨 등의 성분이다.
   ② 효능 : 노폐물 배출과 리프팅과 피부에 탄력을 부여한다.
   ③ 적용피부 : 노화피부, 건성피부, 늘어진 피부에 효과적이다.
   ④ 주의사항 : 민감성피부, 화농성 여드름 피부는 피하고, 사용하기 전 폐쇄공포증이 있는지 확인한다.
3) 모델링 마스크(고무팩)
   ① 주성분 : 해초추출물인 알긴산으로 구성되어 있다.
   ② 효능 : 노폐물 배출과 수분공급으로 피부를 진정하고 탄력을 부여한다.
   ③ 적용피부 : 모든 피부에 효과적이다.
4) 파라핀 마스크
   ① 주성분 : 파라핀으로 구성되어 있다.
   ② 효능 : 혈액순환과 유효성분의 침투가 용이하여 수분공급이 뛰어나다.
   ③ 적용피부 : 수분이 부족한 건성피부나 노화 피부에 뛰어나다.

Chapter 08 : 제모

① 제모의 목적 및 효과

불필요한 체모(얼굴, 겨드랑이, 팔, 다리)를 외관상 아름답게 보이기 위해 제거하는 것을 목적으로 한다.

② 제모의 종류 및 방법

1) 영구적 제모
   ① 전기분해법 : 전류를 이용하여 체모를 영구히 제거할 수 있는 방법으로 미세한 바늘이 모공 안으로 전기침을 꽂은 후에 약한 전류가 모근을 파괴하는 방법으로 모근과 모유 두를 파괴시키는 방법이다.
   ② 레이저 제모 : 체모의 멜라닌 색소에만 반응하는 특수한 레이저파장의 빛 에너지로 모근을 파괴시키는 방법이다.

2) 일시적 제모
   일시적으로 제거하는 방법으로 체모의 모간 또는 모근까지 제거하는 것으로 모구의 모유 두는 파괴하지 않고 제거하는 방법이다. 털이 성장하면 정기적으로 제모를 실시해야 한다.
   ① 면도기를 이용한 제모 : 팔, 다리, 액와, 얼굴 등 짧은 시간에 가장 손쉽게 할 수 있는 방법으로 주 1~2회 정도 모간만 제거하면 된다.
   ② 온 왁스를 이용한 제모 : 모근까지 제거되므로 털이 다시 자라는데 4~5주 정도 걸린다.
   온 왁스는 상온에서 고체 형태이므로 왁스히터기를 이용하여 녹여서 사용하며, 전신의 넓은 부위에 사용가능하며 온도가 높으면 화상을 입을 수 있으므로 온도 테스트 후 사용한다.
   ③ 화학적 제모 : 액체, 연고 형태로 함유된 화학성분이 털을 연화시켜 표면의 모간부분만 털을 제거하는 방법이다.
   ④ 핀셋을 이용한 제모 : 눈썹 수정과 같은 좁은 부위에 난 털을 제거하거나 왁스 제모 후 남은 체모를 제거할 때 이용한다.

Chapter 09 : 신체 각 부위(팔, 다리 등) 관리

① 신체 각 부위(팔, 다리 등) 관리의 목적 및 효과

① 신경계에 영향을 주어 스트레스를 감소시킨다.
② 혈액순환과 림프순환을 촉진하여 전신의 독소배출을 도와준다.
③ 전신에 영양분을 흡수시켜 피부노화방지를 돕는다.
④ 근육을 이완시켜 긴장감을 완화시킨다.
⑤ 피부 결이 부드러워진다.

② 신체 각 부위(팔, 다리 등) 관리의 종류 및 방법

1) 스웨디시 마사지
부드럽고 전신의 혈액순환을 촉진시켜 림프순환으로 노폐물을 제거하는 것으로 서양의 대표적인 수기요법이다.

2) 림프드레나쥐
덴마크의 에밀 보더박사에 의해 창안된 수기요법으로 림프의 순환을 촉진시켜 노폐물을 배출시키는 것을 돕고 특히 부종에 탁월한 효과가 있다.

3) 아로마테라피
향을 이용한 테라피로 에센스 오일을 마사지와 병행하여 사용하는 방법이다. 피부로 통해 흡수되어 만성 피로와 스트레스를 회복시켜주고 육체적 정신적으로 뛰어난 효과를 볼 수 있다.

Chapter 10 : 마무리

① 마무리의 목적 및 효과

피부에 pH 밸런스를 맞추어 주어 외부의 자극으로부터 피부를 보호한다.

② 마무리의 방법

① 관리가 끝나면 토너를 이용하여 피부결을 정돈한다.
② 아이크림, 에센스, 크림, 선크림을 이용하여 피부를 보호한다.
③ 관리가 끝나면 따뜻한 차를 대접하여 순환을 돕는다.
④ 관리가 끝난 후 베드정리와 주변정리를 한다.

Chapter 11 : 피부와 부속기관

① 피부 구조 및 기능

피부는 신체의 표면을 덮고 있는 조직으로서 신체 내부와 외부환경으로부터 신체를 보호하며 체중의 16%에 달한다.

1) 표피

피부의 가장 바깥층에 위치하며, 신경과 혈관이 없으나, 세균, 유해물질, 자외선으로부터 피부를 보호한다.

① 구조

각질층	• 표피의 가장 바깥층에 위치한다. • 케라틴, 천연보습인자, 지질로 구성되어 있다. • 외부 자극으로부터 피부 보호한다.
투명층	• 손, 발바닥에 존재한다. • 엘라이딘 성분이 반유동성 성분으로 투명하게 보이며, 빛을 차단하는 역할을 한다.
과립층	• 편평학 각질형성세포들이 3~5층으로 이루어져 있다. • 레인방어막이 있어 외부로부터 수분 침투를 막는다. • 케라토히알린(각질유리과립)은 지방세포를 생성하는 역할을 한다.
유극층	• 면역기능을 담당하는 랑게르한스세포 존재한다. • 세포사이 물질교환을 하는 세포간교 형성한다. • 표피층 중 가장 두꺼운 층이다.
기저층	• 표피의 가장 아래에 있는 어린 세포층이다. • 멜라닌세포가 세포의 10:1로 존재한다. • 각질형성세포 4:1 비율로 존재한다. • 혈관으로부터 영양을 받아 세포분열을 통해 새로운 세포 형성한다.

② 표피의 구성세포

각질형성세포 (각화세포)	기저층에서 형성되어 세포분열로 하면서 각질층으로 이동한다. 이런 과정을 각질화 과정이며 기간 은 4주정도 소요된다.
멜라닌세포 (색소세포)	문어발과 같은 수상돌기를 가지고 있어 자외선으로부터 진피를 보호하는 기능이다. 멜라닌 양이 비정상적으로 증가되어 피부색이 변화되는 요인은 자외선, 내분비장애, 스트레스, 피부발진, 피부염증 등이 있다.
랑게르한스세포	유극층에 존재하며 피부의 항원을 탐지하는 면역작용을 한다.
머켈세포	표피의 촉감을 감지하며, 유극층과 기저층의 사이에 존재한다.

2) 진피

결합조직으로 세포의 기질로 구성되어 혈관과 림프가 있어 표피에 영양을 공급해 주며, 수분과 유기성분의 저장고 역할을 하는 피부의 90%를 차지하는 실질적인 피부이다.

① 진피의 구조

유두층	미세한 교원질과 섬유 사이의 빈 공간으로 이루어져 있다. 모세혈관, 신경종말이 분포되어 있다.
망상층	망사모양의 결합조직으로 진피의 대부분을 차지하고 있다. 혈관, 림프관, 피지선, 한선, 모낭, 신경 등이 분포되어 있다.

② 세포의 기질

섬유성 단백질로 구성되며 교원섬유와 단련섬유로 나뉜다.

각질형성세포 (각화세포)	섬유아세포의 내부에서 생산되며 피부의 탄력성과 신축성을 부여한다. 노화가 진행되면 피부의 탄력 감소와 주름의 원인이 된다.
탄력섬유 (엘라스틴섬유)	섬유아세포에서 만들어진다. 탄력성이 있어 변형된 피부를 원래의 모습으로 되돌리는 기능으로 피부 이완과 주름에 관여한다.
기질	진피의 결합섬유 사이를 채우는 물질이다. 친수성 다당체로 물에 녹아 끈적끈적한 액체 상태로 무코 다당류라고도 한다. 대부분 히알루론산, 곤드로이틴황산, 글리코사미노글리칸으로 구성되어 있다.

3) 피하지방층

① 신진대사역할, 방어기능, 체온조절을 한다.
② 저장기능 : 인체에서 소모되고 남은 영양이나 에너지를 저장하는 기능이다.
③ 남성보다 여성에게 더 많으며 여성의 곡선미를 연출하며 지방층의 두께에 따라 비만의 정도가 결정된다.

> **셀룰라이트의 생성과정**
> - 1단계 : 만져봐서 부위가 약간 말랑말랑한 느낌으로 결합조직의 기질 조직액이 정체되어 있는 상태이다.
> - 2단계 : 결합조직이 변성을 시작으로 순환이 원활하지 않으며, 손으로 눌렀다가 떼었을 때 들어간 자리가 오래 머물러 있다.
> - 3단계 : 지방소엽들이 많이 커져 피부를 큼직하게 잡았을 때 피부 속의 덩어리가 만져진다.
> - 4단계 : 피부 속의 덩어리가 많아지고 조금만 힘주어 잡으면 압통이 크다.
> → 지방세포가 커지면서 모세혈관, 모세림프관을 더욱 압박하게 되면 피부표면은 오렌지껍질처럼 울퉁불퉁하게 형성된다.

> **셀룰라이트 생성 원인**
> - 호르몬 작용 : 여성호르몬(둔부, 대퇴비만, 서양배형)은 지방세포를 크게 만들고, 남성호르몬(복부비만, 사과형)은 배꼽 아래, 하체의 지방세포 수와 세포의 크기를 작게 한다.
> - 피임약, 다이어트, 소화계, 스트레스, 유전, 정체된 림프계, 질병, 식생활, 유리 라디칼 등이 있다.

4) 피하지방층
① 보호기능 : 물리적 자극, 화학적 자극, 자외선, 세균 침입에 대한 보호기능이 있다.
② 체온조절작용 : 땀, 혈관의 확장과 수축작용을 통해 열을 발산한다.
③ 분비 및 배출기능 : 피지와 땀을 분비한다.
④ 감각기능 : 머켈세포가 감지하여 온각 < 냉각 < 압각 < 통각의 순으로 감지한다.
⑤ 흡수기능 : 이물질은 막아주고 선택적으로 투과시킨다.
⑥ 비타민 합성 기능 : 콜레스테롤이 자외선과 합성하여 비타민 D를 생성한다.
⑦ 저장기능 : 표피는 수분보유기능, 진피는 수분과 전해질을 저장하고 피하지방층은 칼로리를 저장한다.
⑧ 호흡기능 : 폐호흡의 약 1% 정도의 가스교환을 한다.

② 피부 부속기관의 구조 및 기능

1) 한선(땀샘)
땀을 생산하여 분비하는 조직인 한선과 분비된 땀을 재흡수하거나 체외로 배출하는 도관인 한관으로 이루어져 있다.

구분	에크린한선	아포크린 한선
특징	실뭉치 같은 모양으로 진피 위치 무색, 무취의 맑은 액체를 분비 체온조절 역할을 한다.	에크린한선보다 크며 진피 하부 위치 모공과 연결되어 있다. 점성이 있고 단백질 함유량이 많은 땀을 생성하여 특유의 체취를 낸다. 사춘기 이후에 발달하지만, 갱년기에 위축된다.
부교감신경	전신에 분포(입술, 음부, 손톱 제외)되어 있다.	귀 주변, 액와 부, 유두주변, 배꼽, 성기주변 얼굴, 두피 등 특정 부위에만 존재한다.

2) 피지선(기름샘, 모낭샘)
① 진피의 망상층에 위치한다.
② 손·발바닥을 제외한 모든 부위에 분포하나, 윗입술, 구강점막, 유두, 눈꺼풀은 독립피지선이라 한다.
③ 사춘기에 접어들면서 왕성하게 진행되며, 남성호르몬에 의해 자극받는다.
④ 여성은 40세 이후 감소하고, 남성은 60세정도 피지선이 퇴화되지만, 개인차가 있다.
⑤ 트리글리세리드(43%), 왁스(23%), 스쿠알렌(15%), 콜레스테롤(4%) 등으로 구성되어 있다.
⑥ 피지성분 중에 트리글리세리드는 혐기성 디프테로이드에 속하는 P-acne균에 의해 지방산과 디글리세리드, 또는 지방산과 모노글리세리드로 가수분해 되며, 피부표면에 배출되는 유리지방산이 모낭을 자극하여 염증을 일어나는데 여드름을 생성한다.

3) 모발의 구조와 생리기능
① 모간 : 피부 표면 밖으로 나와 있는 부분이다.
② 모근 : 피부 속 모낭 안에 있다.
③ 모낭 : 털을 만드는 기관으로 모근을 감싸고 있다
④ 입모근 : 모낭의 사선으로 위치한 근육으로 자신의 의지와는 상관없는 불수의근으로 추위나 무서울 때 외부의 자극으로 인해 수축되어 모발을 곤두서게 한다(속눈썹, 눈썹, 겨드랑이는 제외).
⑤ 모발의 생리기능 : 보호기능(햇빛, 방한, 체온조절), 지각기능(촉각), 장식기능이 있다.

4) 손톱
① 손톱의 기능
  물건을 잡거나 일을 할 때 손가락 발가락 끝을 보호하고 힘있게 받쳐주는 역할을 한다.
② 손톱의 구조
  단단한 케라틴으로 구성되어 있다.
  ㉠ 손톱의 뿌리(nail root) : 뿌리 부분은 근위손톱주름으로 가려져 있으며 손톱주름 건체의 1/4~1/3을 차지한다.
  ㉡ 손톱반월(Lunula) : 손톱반월은 희고 불투명한 색깔과 반달모양으로 나타난다. 엄지손가락에는 발달되었지만 다른 손가락에는 잘 보이지 않는다.
  ㉢ 자유연(Free edge) : 자유연은 손톱바닥과 붙어 있지 않는 부분이다.
  ㉣ 손톱기질(Nail matrix) : 손톱기질은 손가락과 발가락의 표피와 연결되어 있으며 표피와 동일한 구조를 가진다. 기질은 두꺼우며 장방형의 세포들과 편평해진 각질형성 세포 6~10개층으로 된 기저층을 포함하고 있다.

Chapter 12 : 피부와 영양

① 3대 영양소, 비타민, 무기질

에너지를 공급하는 3대 영양소는 탄수화물, 단백질, 지방이다. 6대 영양소는 탄수화물, 단백질, 지방, 비타민, 무기질, 물이다.

1) 탄수화물
① 신경계와 세포의 주원료이며, 격렬한 신체운동을 하는 근육에 에너지원으로 이용된다.
② 1g당 약 4kcal의 에너지를 발생한다.
③ 에너지를 사용 후 남은 탄수화물은 간과 근육에 글리코겐으로 저장된다.
④ 저장된 글리코겐은 17~18시간 후면 소모가 되어 탄수화물을 섭취하여야 한다.
⑤ 체내에 탄수화물이 없으면, 케톤증을 유발하며 단백질을 소모하게 되므로 적정한 혈당유지를 할 수 없다.

2) 지방
  ① 가벼운 활동이나 휴식기에 근육이 주로 사용하는 에너지이며, 사용하고 남은 열량은 지방조직에 저장된다.
  ② 1g당 약 9kcal의 에너지를 발생한다.
  ③ 인체는 지방세포에 지방을 무한정 저장할 수 있으며, 피부의 피하지방층은 주로 중성지방으로 구성되어 있다.
  ④ 소장에서 지용성 비타민의 소화와 흡수를 돕는다.
  ⑤ 체온조절 및 장기보호 기능이 있다.
  ⑥ 피부 건조를 방지하며 탄력 있게 유지시켜 준다.

3) 단백질
  ① 뼈, 근육, 혈액, 세포막, 효소 및 면역인자의 성분으로 체중의 약17% 정도를 차지한다.
  ② 기본물질은 아미노산이다.
  ③ 1g당 약 4kcal의 에너지를 발생한다.
  ④ 질병에 대한 저항력을 지닌다.
  ⑤ 탄수화물을 충분히 섭취하지 않을 시, 아미노산을 간이나 신장에서 포도당을 합성하여 열량으로 사용한다.
  ⑥ 결핍 시 마라스무스(에너지와 단백질 부족), 콰시오카(단백질 결핍증)이 생긴다.

4) 비타민
  ① 미량의 유기물질이며, 에너지 발생이나 단백질 등 생화학 반응을 원활하기 위한 조효소로 체내에서 합성되지 않아 반드시 식품으로 섭취해야 한다.
  ② 지용성 비타민 : 지방에 녹으며 과잉 섭취 시 체내에 저장되는데, 결핍되거나 과잉이 되어도 인체에 문제가 야기될 수 있다.

비타민 A (레티놀)	• 피부세포를 형성하여 주름과 각질을 예방한다. • 결핍 : 피부각화증, 피부 건조증, 야맹증, 탈모, 세포감염의 원인 등이 있다. • 포함되어 있는 식품 : 간, 우유, 해조류, 계란, 녹황색 채소 등이 있다.
비타민 D (칼시페롤)	• 자외선을 통해 표피의 콜레스테롤에 의해 합성가능하다. • 칼슘과 인의 장내 흡수하여 골격과 치아 형성에 도움이 된다. • 결핍 : 구루병, 골연화증, 골다공증 등이 있다. • 과잉 : 신장결석, 체중 감소, 탈모 등이 있다.
비타민 E (토코페롤)	• 항산화제이다. • 혈액순환으로 피부혈색을 좋게 한다. • 성호르몬 생성과 분해에 관여가 된다. • 결핍 : 건성피부, 신진대사 장애, 빈혈, 불임, 유산 등이 있다. • 식물성 오일, 계란, 녹색 채소 등이 있다.
비타민 K	• 혈액응고비타민으로 모세혈관 벽을 강화시킨다. • 결핍 : 혈액응고 지연이 된다. • 피부염과 습진에 효과적이다.

③ 수용성 비타민 : 물에 녹으며 체내 대사를 조절하며, 체내에 저장되지 않는다.

비타민 B₁ (티아민)	• 상처치유에 효과적이다. • 지루성 피부, 여드름 중상, 알레르기성 피부에 효과가 있다.
비타민 B₂ (리보플라민)	• 피지분비조절, 피부탄력 증가한다. • 습진, 비듬, 구강질병에 효과적이다.
비타민 B₆ (피리독신)	• 세포 재생을 도와준다. • 여드름, 모세혈관 확장 피부에 효과적이다.
비타민 B₁₂ (시아노코발라민)	• 조혈작용에 관여한다. • 결핍 : 성장장애, 악성 빈혈, 지루성 피부염등이 있다.
비타민 C	• 콜라겐 형성에 관여한다. • 멜라닌 색소를 억제한다. • 항산화제 작용으로 유해산소를 억제한다. • 결핍 : 괴혈병, 각화증, 색소침착, 상처회복지연 등이 있다.
비타민 P	• 모세혈관 강화하여 알레르기 예방과 부종예방이 된다. • 비타민 C 기능을 보강한다.

5) 무기질

① 체내의 pH를 조절하는 역할이다.
② 호르몬과 효소의 구성성분으로 신체의 필수성분이다.
③ 나트륨과 칼륨이 세포의 균형을 조절한다.

칼슘	• 골격과 치아 형성, 상처 시 혈액응고 촉진된다. • 근육이완과 수축작용을 조절이 된다. • 식품 : 우유 및 유제품, 뼈째먹는 생선, 해조류, 굴 등이 있다.
인	• pH를 조절한다. • 탄수화물과 지방대사에 관여한다. • 식품 : 우유, 콩류 치즈, 계란 등에 있다.
마그네슘	• 삼투압을 조절한다. • 결핍 : 신경이나 근육에 심한 경련, 건조증이 있다.
나트륨	• 산과 알칼리 평형을 유지한다. • 신경세포의 전달 작용으로 근육의 수축작용을 원활하게 한다. • 결핍 : 식욕감퇴, 무력감, 두통, 피로감, 정신불안, 근육경련 등이 있다.
유황	• 단백질의 케라틴 합성에 도움이 된다. • 결핍 : 머리카락, 손톱, 피부에 윤기가 없고 거칠어진다.
요오드	• 갑상선과 부신의 기능을 도움을 준다. • 결핍 : 갑상선 기능 장애가 있다. • 해조류와 해산물에 풍부하다.

Chapter 13 : 피부장애와 질환

원발진과 속발진

1) 원발진
① 반점 : 피부에 융기나 함몰이 없다. 주근깨, 기미, 자반, 노화반점, 오타모반, 백반, 몽고반점 등이 있다.
② 홍반 : 모세혈관의 출혈로 피부가 둥글게 부어오른 상태이다. 시간의 흐름에 따라 크기가 변화한다.
③ 소수포 : 1㎝ 미만의 물집(투명한 액체)이다. 표피 안이나 바로 밑에 자리 잡고 있다.
④ 대소포 : 1㎝ 이상의 수소포보다 크다.
⑤ 팽진 : 표피에 영향을 받지 않는다. 진피 내 부종으로 형태나 크기가 변하나 시간이 지나면 없어진다. 두드러기, 담마진이라고도 한다.
⑥ 구진 : 1㎝ 미만의 피부가 단단한 융기 모양으로 주위피부보다 붉다. 시간이 지나면 사라진다.
⑦ 농포 : 1㎝ 미만으로 피부 위로 나와 만지면 아프다. 백혈구들이 모여 있어 진피와 피하조직에 나타난다. 농양과 구별된다.
⑧ 결절 : 구진보다 크고 종양보다 작다. 경계가 딱딱한 덩어리가 만져지는 타원형 융기물이다. 구진과는 다르게 피하지방층까지 속해있다.
⑨ 낭종 : 피하지방층까지 자리 잡고 있어 통증을 동반한다. 여드름의 4단계에 생긴다. 흉터가 생긴다.
⑩ 종양 : 2㎝ 이상의 피부가 붓는다. 결절보다 크고 모양과 색상이 다양하여 악성종양과 양성종양으로 구분된다.

2) 속발진
원발진에서 더 진전되어 생기는 증세로 가피, 미란, 인설, 켈로이드, 태선화, 찰상, 균열, 궤양, 위축, 반흔 등이 있다.
① 가피 : 피부에 상처나 염증 부위에 흘러나온 조직액이 말라서 표피에 붙은 상태이다.
② 미란 : 피부의 찰과성 수포가 터져서 표피가 떨어진 상태이며, 흔적 없이 치유된다.
③ 인설 : 죽은 각질 세포가 떨어져 나가는 것으로 눈으로 확인되는 각질세포가 가로 모양으로 떨어져 나가거나 비듬 모양의 덩어리로 떨어져 나가기도 한다.
④ 켈로이드 : 진피의 교원질이 과다 생성되어 흉터가 굵으면서 크게 표면 위로 올라온 흔적이다.
⑤ 태선화 : 표피나 진피 일부가 건조되어 가죽처럼 두꺼워지고 딱딱해진 현상이다. 피부에 윤기가 없다. 예를 들어 팔꿈치에 많이 나타난다.
⑥ 찰상 : 지속적인 마찰이나 손톱으로 긁힘 등에 의한 표피가 벗겨진 상처지만 흉터 없이 치유된다.

⑦ 균열 : 질병으로 피부가 갈라진 상태로 예를 들어 구순염이나 무좀이다.
⑧ 궤양 : 병든 조직의 세포가 상해서 생긴 것으로 흉터가 생긴다.
⑨ 반흔(흉터) : 진피에 생긴 피부 조직의 손상이 회복되지 못해 새로운 결체조직이 생성되지 못하여 흉터가 생긴 현상이다.

3) 여드름
유전, 남성호르몬의 증가로 인한 피지의 과다분비, 세균의 작용, 스트레스 등의 원인으로 작용한다.

① 여드름의 생성과정
- 1단계 : 면포성의 초기 여드름이다.
- 2단계 : 화이트헤드와 블랙헤드가 육안으로 보인다.
- 3단계 : 세균의 감염으로 인해 구진과 농포가 심해진다.
- 4단계 : 3단계에서 심해져서 결절과 낭종이 함께 나타나고, 치료 후에도 흉터가 생긴다.

② 여드름의 형태 및 종류
- 화이트헤드 : 모공이 막힌 단계이며 피부표면 위로 올라온 상태이다.
- 블랙헤드 : 모공이 열린 형태이며, 피지와 각질이 피부 밖에까지 나와서 공기와 산화된 상태이다.
- 붉은 여드름 : 구진으로 염증이 발생된 상태이다.
- 화농성 여드름 : 농포로 염증이 악화되어 고름이 생긴 상태이다.
- 결절성 여드름 : 낭포의 전단계로 모낭아래까지 파괴되어 통증과 흉터가 생길 수 있다.
- 낭종성 여드름 : 낭포로 화농상태가 커서 진피층이 손상되어 흉터가 생긴다.

② 피부 질환

1) 바이러스 감염증
① 물사마귀 : 소아에게 발생한다. 얼굴, 상체부위, 항문 등 성기 주위에 잘 생기며, 터드리면 유백색 진물이 나온다. 이 진물의 바이러스는 다른 부위로 번질 수 있으니 주의해야 한다.
② 단순포진(헤르페스 심플렉스) : 피부와 점막에 감염이 발생하는 질환으로 물집으로 나온다. 1형은 허리 위로, 2형은 허리 아래로 감염되는데 단독 또는 군집으로 생긴다. 흉터 없이 치유된다.
③ 대상포진(헤르페스 자아스터) : 수두 후 잠복해 있던 바이러스가 활성화되어 생긴 것이다. 피부발진이 생기고 수포가 화농으로 변하면서 흉터가 생길 수 있다. 2~4주 내에 치유된다.
④ 수족구염 : 가을이전에 생기는 10세 이하의 소아에서 발생한다. 손, 발, 입에 수포와 구진이 생긴다.

2) 세균성 피부 질환
  ① 농가진 : 연쇄상구균의 원인으로 유아나 소아에게 두피, 얼굴, 사지 등에 수포에 진물이 나며 전염력이 높다.
  ② 종기 : 모낭과 주변 조직에 세포가 죽어 일어나는 화농된 상태이다.
  ③ 곰팡이 : 무좀으로 발, 손톱, 발톱에 속하며, 사타구니 습진, 칸디다증이 있다.

3) 물리적 피부 질환

  기계적 손상에 의한 질환
  ① 굳은살 : 계속된 압력에 의해 국소적으로 과각화증으로 통증이 없으나 압박을 제거하면 저절로 없어진다.
  ② 티눈 : 각질층이 증식현상으로 중심부에 핵이 있다. 사마귀는 조직 내에 혈관이 있어 피가 나지만, 티눈은 피가 나지 않는다.
  ③ 욕창 : 움직이지 못하는 환자에게 주로 생기는데 피부와 근육에 발생하는 궤양이다.

  열에 의한 피부 질환
  ① 화상 : 열, 화학물질 등 여러 가시 요인에 의해 일어나는 상처로 세포를 파괴하여 변화시킨다.
  ② 땀띠 : 땀이 피부 밖으로 배출되지 못하고 피부 안쪽에 축적되어 생긴 질환이다.
  ③ 홍반 : 자외선에 의해 장기간 노출된 피부조직의 혈관이 확장 된 상태이다.

  한냉에 의한 피부 질환
  ① 동상 : 0℃ 이하에서 1시간 이상 노출되면 피부조직에 혈액공급이 안되어 조직이 상해서 생긴 현상이다.
  ② 동창 : 가벼운 동상으로 피부에 혈관수축이 일어나고 영양공급이 안되어 붉으스름한 색이 생기면서 부종과 가려움증이 생긴다.

4) 습진
  ① 접촉성 피부염 : 외부물질의 접촉에 의해 발생하는 피부염으로 일차 자극성 피부염과 알레르기 접촉 피부염으로 나누어진다.
  ② 아토피성 피부염 : 만성습진으로 천식이나 알레르기성 비염이 동반되기도 하며, 계절적으로 가을이나 겨울에 발생빈도가 높으나 사계절 내내 발생한다. 유아부터 성인까지 두루 나타나며 태선화 피부염까지 이르기도 한다.
  ③ 지루성 피부염 : 피지선의 활발하여 가려움증(소양증상)이 동반되는데, 유전, 호르몬의 영향, 영양실조 또는 정신적 긴장에서 오는 경우가 많다.

5) 그 외의 피부 질환
  ① 비립종 : 지방조직의 신진대사 저하로 표피에 발생하는 좁쌀 크기의 작은 백색의 낭포가 뺨, 이마에 생긴다.
  ② 한관종 : 에크린한선의 구진으로 물 사마귀이다. 눈 주위나 광대뼈 부위에 주로 생긴다.

③ 섬유종 : 쥐젖이라고 불리며 노화현상으로 목 또는 겨드랑이에 주로 발생한다.
④ 지방종 : 피하조직의 양성종양으로 목과 겨드랑이에 발생한다.
⑤ 혈관종 : 거미줄 모양의 빨간 점으로 모세혈관의 막혀 생기는 현상이다.
⑥ 주사 : 혈액순환 저하로 모세혈관이 확장된 상태이며 지루성 피부에 잘 생기는 피부 질환이다. 코 중심으로 나비모양으로 나타난다.

Chapter 14 : 피부와 광선

자외선이 미치는 영향

자외선의 종류	특성	침투	피부의 영향
장파장(UVA) 320~400㎚	유리창 통과	진피	• 생활자외선이다. • 색소 침착을 일으킨다. • 광노화로 인해 주름과 탄력저하 원인이 된다.
중파장(UVB) 290~310		표피 기저층	• 비타민 D 합성을 한다. • 일광화상으로 물집이 생긴다. • 만성적일 때 피부암 유발한다.
단파장(UVC) 200~289㎚	오존층에서 흡수	피부에 전달되지 않음	• 살균작용, 자외선소독기의 살균작용을 한다. • 오존층의 파괴로 위험요소가 된다.

※ 빛의 반사율 : 눈 〉 물 〉 모래 〉 아스팔트 〉 잔디밭

1) 자외선의 피부 영향
   ① 부정적 영향 : 홍반반응, 색소침착, 광노화, 광 알레르기, 피부두께가 증가된다.
   ② 긍정적 영향 : 비타민 D 형성, 살균효과, 수면효과가 있다.

2) 피부의 색소
   표피의 멜라닌의 양과 분포, 진피의 혈관 속의 헤모글로빈 그리고 피하조직의 카로틴의 양과 분포에 의해 결정되며, 인종과 성별, 연령에 따라 달라진다.

Chapter 15 : 피부면역

표피의 유극층에 있는 랑게르한스세포는 피부의 면역작용에 관여한다. 또한 구강 및 생식기점막의 상피와 림프절, 피지선, 한선, 유선, 모낭세포에도 존재하며, 외부의 유해물질이 피부에 침투하면 저항할 수 있는 능력이 면역이다. 하지만 이 세포가 건강하지 못하면 유해물질에 바로 반응하여 림프구로 전달해 준다. 피부에 맞지 않는 물질을 피부에 접촉하면 알레르기 반응을 일으킨다.

❶ 면역의 종류와 작용

1) 선천적 면역(자연면역)
외부물질에 대해 스스로 치유해 나가는 면역으로 체내에 침입한 이물질을 백혈구, 림프구, 비만 세포 등이 방어하는 기능을 한다.

2) 후천적 면역(획득 면역)
① 수동 면역 : 수유나 인공혈청 주사로 하는 방법이다.
② 능동 면역 : 예방접종이나 감염에 의하여 만들어진 면역이다.
　　※ 면역기관으로서의 피부의 역할
　　　• 수분저지막이 외부의 이물질 침입을 막고 있다.
　　　• 랑게르한스 세포가 피부의 면역에 관여한다.
　　　• pH의 밸런스는 피부의 약산성을 만들어 미생물의 생존을 막는다.

Chapter 16 : 피부노화

❶ 피부노화의 원인

나이가 듦에 따라 신체를 구성하는 기관기능이 저하되는 내인적 노화현상과 외부의 변화에 일어나는 환경적 현상으로 사망할 때까지 진행된다.

❷ 피부노화 현상

1) 내인적
① 건조현상으로 잔주름이 발생한다.
② 표피와 진피의 두께가 감소한다.
③ 진피의 두께의 감소로 탄력이 떨어진다.

2) 환경적
① 광노화의 주된 파장인 자외선 B는 주름에 영향을 주며, 자외선 A는 색소가 생긴다.
② 굵은 주름이 생긴다.
③ 표피와 진피의 두께가 두꺼워져서 피부가 거칠어진다.
④ 혈관이 확장 되어 피부가 쉽게 멍이 들 수도 있다.
⑤ 피부가 건조하게 되어 민감화 된다.

피부미용학

01 딥 클렌징의 효과에 대한 설명이 아닌 것은?
① 면포를 강화시킨다.
② 혈액순환을 촉진시킨다.
③ 피부표면을 매끈하게 한다.
④ 불필요한 각질세포를 제거한다.

> **해설**
> 딥 클렌징의 효과
> • 모공 속의 피지와 불순물 제거
> • 피부의 각질층 정돈, 안색정화
> • 영양 성분의 침투용이
> • 혈액순환 촉진
> • 면포 연화

02 딥 클렌징 시 스크럽 제품을 사용할 때 주의해야 할 사항 중 틀린 것은?
① 스크럽은 민감성 피부에 적합하다.
② 눈이나 입 속으로 들어가지 않도록 조심한다.
③ 심한 핸드링을 피하며, 마사지 동작을 해서는 안 된다.
④ 코튼이나 해면을 사용하여 닦아낼 때 알갱이가 남지 않도록 깨끗하게 닦아낸다.

> **해설**
> 스크럽은 민감성 피부에 적합하지 않으나 면포성 여드름 피부에는 좋은 제품이다.

03 딥 클렌징의 방법이 아닌 것은?
① 이온토포레시스
② 효소필링
③ AHA필
④ 디스인크러스테이션

> **해설**
> 이온토포레시스 : 비타민 C와 같은 수용액의 유효 성분을 피부 깊숙이 침투시키는 방법

04 딥 클렌징의 분류가 옳은 것은?
① AHA – 물리적 각질관리
② 효소 – 물리적 각질관리
③ 고마쥐 – 물리적 각질관리
④ 스크럽 – 화학적 각질관리

> **해설**
> • 고마쥐, 스크럽 – 물리적 각질제거
> • AHA, 효소 – 화학적 각질제거

05 딥 클렌징 시술과정에 대한 내용 중 틀린 것은?
① 깨끗이 클렌징이 된 상태에서 적용한다.
② 필링제를 중앙에서 바깥쪽, 아래에서 위쪽으로 도포한다.
③ 고마쥐 타입은 팩이 마른 상태에서 근육 결대로 가볍게 밀어준다.
④ 딥 클렌징 단계인 효소시술에서 수분 보충을 위해 스티머를 반드시 사용한다.

> **해설**
> 딥 클렌징 중 효소는 수분 보충과 시간이 지남에 따라 그리고 온도가 올라가면 딥 클렌징의 효과를 높일 수 있다. 스티머 대신 온습포를 사용할 수 있으며, 반드시 스티머를 사용하는 것이 아니다.

정답 01 ① 02 ① 03 ① 04 ③ 05 ④

06 피부관리를 위해 실시하는 피부상담의 목적과 가장 거리가 먼 것은?

① 고객의 사생활 파악
② 피부관리 계획 수립
③ 피부문제의 원인 파악
④ 고객의 방문 목적 확인

> **해설**
> 피부상담은 고객 피부의 문제를 파악하여 정확한 피부 타입을 알고 그에 알맞은 피부관리 계획을 세워 계획에 따라 관리하기 위함으로 고객의 사생활은 중요하지 않다.

07 매뉴얼테크닉을 적용할 수 없는 경우는?

① 다이어트를 하는 경우
② 염증성 질환이 있는 경우
③ 출산 후 산후관리 중에 있는 경우
④ 피부에 셀룰라이트(Cellulite)가 있는 경우

> **해설**
> 염증성 질환이나 골절상, 피부에 질병이 있는 경우는 매뉴얼테크닉을 적용할 수 없다.

08 피부 유형과 화장품의 사용목적이 틀리게 연결된 것은?

① 민감성 피부 – 진정 및 쿨링 효과
② 색소침착 피부 – 멜라닌 생성 억제 및 피부기능 활성화
③ 지성 피부 – 피부에 유·수분을 공급하여 보습기능 활성화
④ 노화 피부 – 주름완화, 결체조직 강화, 새로운 세포의 형성 촉진 및 피부보호

> **해설**
> 지성피부는 피지조절과 유분과 수분의 균형을 맞추어 주는 것이 목적이며, 노화 피부의 화장품의 사용목적은 주름완화이다.

09 피부 유형별 관리 방법으로 적합하지 않은 것은?

① 색소침착피부 – 자외선 차단제를 색소가 침착된 부위에 집중적으로 발라준다.
② 노화피부 – 피부가 건조해지지 않도록 수분과 영양을 공급하고 자외선 차단제를 바른다.
③ 복합성 피부 – 유분이 많은 부위는 손을 이용한 관리를 행하여 모공을 막고 있는 피지 등의 노폐물이 쉽게 나올 수 있도록 한다.
④ 모세혈관 확장피부 – 세안 시 세안제를 손에서 충분히 거품을 낸 후 미온수로 완전히 헹구어 내고 손을 이용한 관리를 부드럽게 진행한다.

> **해설**
> 모세혈관 확장피부는 손으로 만지는 행위를 최소화 하는 것이 좋다.

10 제모시술 중 올바른 방법은?

① 시술자는 장갑을 착용하기 때문에 손을 소독하지 않아도 된다.
② 부직포를 떼어 낸 후 오일을 사용하여 진정시킨다.
③ 머절린(부직포)을 떼어낼 때 털이 자란 반대방향으로 떼어낸다.
④ 스파튤라에 왁스를 묻힌 후 털이 자란 반대방향으로 왁스를 도포한다.

정답 06 ① 07 ② 08 ③ 09 ④ 10 ③

> **해설**
> - 장갑을 착용하여도 손은 소독하여야 한다.
> - 제모부위를 소독 후 파우더를 털이 자란 반대방향으로 도포한다.
> - 스파튤라에 왁스를 묻힌 후 손목에 온도 테스트를 한다.
> - 왁스를 털이 자란 방향으로 도포한다.
> - 부직포를 왁스 위에 부친다.
> - 부직포를 떼어낼 때 털이 자란 반대방향으로 떼어낸다.
> - 진정 젤을 도포한다.

11 고객이 처음 내방하였을 때 피부 관리에 대한 첫 상담 과정에서 고객이 얻는 효과와 가장 거리가 먼 것은?

① 피부관리에 대한 지식을 얻게 된다.
② 피부관리에 대한 가격의 부담을 느끼게 된다.
③ 피부관리에 대한 경계심이 풀어지며 심리적으로 안정된다.
④ 피부관리에 대하여 긍정적이고 적극적인 생각을 가지게 된다.

12 피부 관리 시술단계가 옳은 것은?

① 클렌징 → 피부분석 → 딥 클렌징 → 매뉴얼 테크닉 → 팩 → 마무리
② 피부분석 → 클렌징 → 딥 클렌징 → 매뉴얼 테크닉 → 팩 → 마무리
③ 피부분석 → 클렌징 → 딥 클렌징 → 팩 → 매뉴얼 테크닉 → 마무리
④ 클렌징 → 딥 클렌징 → 팩 → 매뉴얼 테크닉 → 마무리 → 피부분석

13 피부 관리 시 매뉴얼테크닉을 하는 목적과 가장 거리가 먼 것은?

① 심리적 안정
② 부종 완화
③ 림프순환 저하
④ 신진대사 활성화

> **해설**
> 매뉴얼테크닉은 림프순환을 촉진시켜 준다.

14 건성 피부의 특징과 가장 거리가 먼 것은?

① 각질층의 수분이 10% 이하로 부족하다.
② 피부가 손상되기 쉬우며 주름 발생이 쉽다.
③ 피부가 얇고 외관으로 피부결이 섬세해 보인다.
④ 모공이 크며 굵은 주름이 생긴다.

> **해설**
> 모공이 작으며 미세한 주름이 생긴다.

15 셀룰라이트(cellulite)의 원인이 아닌 것은?

① 혈액순환의 문제
② 지방세포수의 과다증가
③ 내분비계 불균형
④ 정맥울혈과 림프정체

> **해설**
> 지방세포크기의 과다증가가 원인이다.

정답 11 ② 12 ① 13 ③ 14 ④ 15 ②

16 벨벳 마스크 사용 시 기포를 제거해야 하는 이유는?
① 기포가 생기면 마스크가 얼굴에서 잘 떨어지기 때문이다.
② 기포가 생기면 마스크의 적용시간이 길어지기 때문이다.
③ 기포가 생기면 마스크의 모양이 예쁘지 않기 때문이다.
④ 기포가 생기는 부분에는 마스크의 성분이 피부에 침투하지 않기 때문이다.

17 유분이 많은 화장품보다는 수분공급에 효과적인 화장품을 선택하여 사용하고, 알코올 함량이 많아 피지제거 기능과 모공수축 효과가 뛰어난 화장수를 사용하여야 할 피부유형을 가장 적합한 것은?
① 노화 피부   ② 색소침착 피부
③ 아토피 피부 ④ 지성 피부

18 다음 중 온습포의 효과가 맞는 것은?
① 혈액 순환 촉진
② 모공수축으로 피부의 탄력을 준다.
③ 피지선 자극하여 피지가 나오지 않게 한다.
④ 혈관 수축으로 염증 완화
🔴 해설
②, ④는 냉습포의 효과이다.

19 피부미용 역사에 대한 설명이 틀린 것은?
① 고려 시대에는 목욕과 향료가 발달하여 향을 바르고 향낭을 차고 다녔다.
② 고대 그리스에서는 식이요법, 운동, 마사지, 목욕을 통해 건강을 유지하였다.
③ 고대 로마인은 청결과 장식을 중요시하여 오일, 향수, 화장이 생활의 필수품이었다.
④ 국내의 피부미용이 전문화되기 시작한 것은 19세기 중반부터였다.
🔴 해설
국내피부미용은 1980년대부터이다.

20 기초화장품의 사용 목적 및 효과와 가장 거리가 먼 것은?
① 여드름 예방   ② 피부 보습
③ 잔주름 방지   ④ 여드름의 치료
🔴 해설
여드름의 치료는 의료행위이다.

21 피부 유형을 결정하는 요인이 아닌 것은?
① 얼굴형
② 피부의 수분함유도
③ 피지 분비
④ 모공의 크기

22 일시적 제모에 해당하지 않은 것은?
① 면도기
② 제모용 크림
③ 하드 왁싱
④ 레이저 제모
🔴 해설
레이저 제모는 영구적인 제모이다.

정답 16 ④ 17 ④ 18 ① 19 ④ 20 ④ 21 ① 22 ④

23 카르테(고객카드)작성에 반드시 기입되어야 할 사항과 가장 거리가 먼 것은?
① 성명, 생년월일, 주소, 전화번호 등을 기입한다.
② 직업, 가족사항, 환경, 기호식품 등을 기입한다.
③ 건강상태, 정신상태, 병력, 화장품사용방법을 기입한다.
④ 취미, 특기사항, 재산정도를 기입한다.

해설
재산정도는 기입하지 않아도 된다.

24 물의 수압을 이용해 혈액순환을 촉진시켜 체내의 독소배출, 세포재생 등의 효과를 증진시킬 수 있는 건강증진 방법은?
① 아로마테라피(aroma-therapy)
② 스파테라피(spa-therapy)
③ 스톤테라피(stone-therapy)
④ 허벌테라피(hebal-therapy)

25 우드램프에 의한 피부의 분석 결과 중 틀린 것은?
① 흰색 – 죽은 세포와 먼지
② 연한 보라색 – 건조한 피부, 노화피부
③ 오렌지색 – 여드름, 피지, 지성 피부
④ 암갈색 – 산화된 피지

해설
암갈색은 색소가 침착된 피부이다.

26 다음 중 건성피부에 적용되는 화장품 사용법으로 가장 적합한 것은?
① 낮에는 O/W형의 데이크림과 밤에는 W/O형의 나이트크림을 사용한다.
② 수분을 공급하여 pH를 균형을 맞추어 주고 모공을 수축해주는 크림을 사용한다.
③ 봄, 여름에는 W/O크림을 사용하고 가을, 겨울에는 O/W크림을 사용한다.
④ 소량의 알부민이 함유된 크림을 사용한다.

해설
② : 지성피부에 대한 설명이다.
③ : 봄, 여름에는 O/W를 사용하고 가을, 겨울에는 W/O크림을 사용해야 한다.
④ : 미백 제품에 대한 설명이다.

27 여드름 피부에 관련된 설명으로 틀린 것은?
① 여드름은 사춘기에 피지분비가 왕성해지면서 나타나는 비염증성 또는 염증성 피부발진이다.
② 여드름은 사춘기에 일시적으로 나타나며 30대 정도에 모두 사라진다.
③ 남성호르몬에 의해 피지가 과도하게 발생하여 모공입구의 폐쇄로 인해 피지 배출이 잘 되지 않는다.
④ 선천적인 체질상 체내 호르몬의 이상 현상으로 지루성 피부에서 발생되는 여드름 형태는 심상성 여드름이라 한다.

해설
사춘기에 호르몬의 변화로 많이 생길 수 있지만, 30대에는 스트레스에 의하여 성인여드름이 생길 수 있다.

정답 23 ④ 24 ② 25 ④ 26 ① 27 ②

28 웜 왁스를 이용하여 제모 하는 방법으로 옳은 것은?

① 제모 전에는 로션을 발라 피부를 보호한다.
② 왁스는 털이 난 방향으로 발라준다.
③ 왁스를 제거할 때는 천천히 직각으로 떼어낸다.
④ 제모 후에는 온습포를 이용해 시술부위를 진정시킨다.

해설
제모 후에 로션을 발라 피부를 보호하며, 왁스를 제거할 때는 털이 난 반대방향으로 빠르게 제거한다. 제모 후에는 냉습포나 진정로션을 도포하여 진정시켜준다.

29 민감성 피부관리의 마무리단계에 사용할 보습제로 적합한 성분인 것은?

① 하이드로퀴논   ② 알부틴
③ 아줄렌   ④ 토코페롤

해설
알부틴과 하이드로퀴논은 미백 제품에 사용되는 성분이다.
토코페롤은 노화피부에 사용되는 성분이다.

30 매뉴얼 테크닉의 쓰다듬기(effleurage) 동작에 대한 설명 중 맞는 것은?

① 피부 깊숙이 자극하여 혈액순환을 증진한다.
② 근육의 경련을 풀어주고 이완시켜 주는 방법이다.
③ 매뉴얼 테크닉의 시작과 마무리에 사용한다.
④ 손등을 이용하여 두드리는 방법이다.

해설
①은 문지르기, ②는 주무르기, ④는 두드리기에 대한 설명이다.

31 자외선에 대한 설명으로 틀린 것은?

① 자외선 C는 오존층에 의해 차단될 수 있다.
② 자외선 B는 파장이 290~320㎚이다.
③ 자외선 B는 중파장이다.
④ 피부에 제일 깊게 침투하는 것은 자외선 B이다.

해설
피부에 제일 깊게 침투하는 것은 자외선 A이다.

32 진피에 자리하고 있으며 통증이 동반되고, 여드름 피부의 4단계에서 생성되는 것으로 치료 후 흉터가 남는 것은?

① 결절   ② 농포
③ 구진   ④ 낭종

33 피부의 노화 원인과 가장 관련이 없는 것은?

① 스트레스로 인한 심리적 불안
② 항산화제
③ 잘못된 피부의 관리
④ 의약품의 장기복용

해설
항산화제는 항노화제다.

34 다음 중 표피층을 순서대로 나열한 것은?

① 각질층, 유극층, 과립층, 투명층, 기저층
② 각질층, 유극층, 투명층, 기저층, 과립층
③ 각질층, 투명층, 유극층, 과립층, 기저층
④ 각질층, 투명층, 과립층, 유극층, 기저층

정답 28 ② 29 ③ 30 ③ 31 ④ 32 ① 33 ② 34 ④

35 피부의 각질층에 존재하는 세포간지질 중 가장 많이 함유된 것은?
① 세라마이드(ceramide)
② 콜레스테롤(cholesterol)
③ 스쿠알렌(squalene)
④ 왁스(wax)

36 색소침착의 관리법에 대한 설명 중 틀린 것은?
① 자외선 차단제를 사용한다.
② 정신적인 스트레스를 줄인다.
③ AHA성분을 이용하여 필링을 한다.
④ 일광욕을 자주한다.

37 기미, 주근깨 피부 관리에 가장 적합한 비타민은?
① 비타민 A
② 비타민 P
③ 비타민 B_2
④ 비타민 C

> 해설
> • 비타민 A : 여드름, 각질제거, 주름완화
> • 비타민 B_2 : 피지분비를 조절한다.
> • 비타민 P : 알레르기를 예방하고 부종현상을 방지한다.

38 다음 중 주름살이 생기는 요인으로 가장 거리가 먼 것은?
① 수분의 부족 상태
② 지나치게 햇빛에 노출되었을 때
③ 갑자기 살이 찐 경우
④ 면역력이 약해서 병이 자주 걸리는 경우

> 해설
> 갑자기 살이 찌면 주름살이 완화되게 보이는 효과가 있다.

39 다음 중 원발진에 해당하는 피부변화는?
① 찰상
② 균열
③ 태선화
④ 구진

> 해설
> 가피, 미란, 위축은 속발진이다.

40 성장촉진, 생리대사의 보조역할, 신경안정과 면역기능강화 등의 역할을 하는 영양소는?
① 탄수화물
② 비타민
③ 단백질
④ 지방

41 대상포진(헤르페스)의 특징에 대한 설명으로 옳은 것은?
① 지각신경 분포를 따라 군집 수포성 발진이 생기며 통증이 동반된다.
② 바이러스를 갖고 있지 않다.
③ 전염되지 않는다.
④ 입가에 잘 나타난다.

> 해설
> 대상포진 : 바이러스를 가지고 있다. 전염이 된다.

42 다음 중 땀샘의 역할은?
① 체온조절을 한다.
② 비타민 D를 생성한다.
③ 세균으로부터 보호한다.
④ 피지분비를 한다.

> 해설
> • 피지 분비는 피지선에서 분비된다.
> • 비타민 D를 생성하는 것은 콜레스테롤이 자외선과 합성하여 생성하는 것이다.
> • 한선과 피지선에서 세균의 독성작용을 하는 물질을 분비한다.

정답 35 ① 36 ④ 37 ④ 38 ③ 39 ④ 40 ② 41 ① 42 ①

43 피부의 기능에 대한 설명으로 틀린 것은?
① 인체 내부 기관을 보호한다.
② 체온조절을 한다.
③ 분비 및 배설 작용을 한다.
④ 비타민 B를 생성한다.

> **해설**
> 피부표면에 있는 콜레스테롤과 자외선을 합성하여 비타민D를 생성한다.

44 피부의 면역에 관한 설명으로 맞는 것은?
① 세포성 면역에는 보체, 항체 등이 있다.
② T림프구는 항원전달세포에 해당한다.
③ B림프구는 면역글로블린이라고 불리는 항체를 생성한다.
④ 표피에 존재하는 각질형성세포는 면역 조절에 작용 않는다.

> **해설**
> • 표피에 존재하는 랑게르한스세포가 면역조절에 작용한다.
> • 세포성 면역에 T림프구가 있다. T림프구는 바이러스에 감염된 세포를 죽이는 역할이다.

45 천연보습인자(NMF)의 구성 성분 중 40%를 차지하는 중요 성분은?
① 요소　　　　② 아미노산
③ 무기염　　　④ 젖산염

> **해설**
> • 요소 : 오줌으로 배출, 젖산염 : 근육 경직을 유발하는 성분
> • 무기염 : 무기산과 염기가 반응하여 생성된 물질

정답 43 ④　44 ③　45 ②

02 해부생리학

Chapter 01 : 세포와 조직

① 세포의 구조 및 작용

세포 → 조직 → 기관 → 기관계 → 인체

기관계	구성	기능
외피계	피부, 털, 땀샘, 피지샘, 손발톱	조직보호, 체온조절, 감각수용
골격계	뼈, 인대, 연골	몸의 지지와 이동, 혈액 및 세포생산
근육계	골격근, 내장근, 심장근	몸의 운동, 자세 유지, 체열생성
신경계	신경, 뇌, 척수	자극의 전달과 통합, 조절작용
순환계	심장, 혈관, 혈액, 림프절, 림프관	물질운반, 보호작용, 조절작용
소화기계	입, 식도, 위, 간, 췌장	영양의 섭취, 소화, 흡수
호흡기계	코, 기도, 기관, 폐와 관련된 기관	외부와 혈액 간의 기체 교환
내분비계	뇌하수체, 갑상선, 부신, 정소와 난소	신체기능의 화학적 조절
배설계	신장, 수뇨관, 방광, 요도	배설물 배출, 항상성 조절
생식기계	정소, 난소, 자궁	종족 보존
감각계	눈, 귀, 피부, 코, 혀	자극의 수용

② 조직구조 및 작용

1) 세포의 구조
   ① 세포 : 모든 생물의 구조적, 기능적 최소 단위이다.
   ② 조직 : 세포의 여러 세포가 일정한 목적을 위해 배열되고, 특정 기능을 나타내는 세포 집단이다.
   ③ 기관 : 2개 이상의 조직이 모여 실질적인 기능을 수행한다.
   ④ 기관계 : 연결된 기관들이 모여서 동일 목적을 수행하기 위해 통일된 체계(호흡기계, 소화기계 등)이다.
   ⑤ 세포의 기능 : 동화 및 이화작용에 의해 에너지를 생산. 확산, 여과, 삼투, 능동적 운반 등에 의해 세포막을 통하여 물질을 운반한다.

종류		구성	기능
핵	핵막	핵과 세포질의 구분. 핵공이 있어 세포질에 핵을 연결하여 물질 연락	단위막
	염색질	DNA	단백질과 DNA
	핵소체	세포의 분열, RNA 합성, 유전정보의 저장 및 전달	단백질과 DNA
원형질	세포막	세포 외내부의 기능적 경계, 세포의 내용물을 보호, 선택적 투과	이중막 단백질과 인지질
	리보솜	DNA의 유전 정보에 따라 단백질 합성	형질내세망의 표면에 부착, 단백질과 RNA
	골지체	세포질세망에서 생산, 운반된 물질을 농축하고 배설	단일막 인지질
	리보솜	가수분해 효소를 함유하는 세포 내 소화기관	단백질
	중심체	세포분열 시 각각 세포의 반대극으로 이동, 방추사를 형성하여 염색체를 끌어당김	비막성 구조

Chapter 02 : 뼈대(골격)계통

① 뼈(골)의 형태 및 발생

1) 골의 형태
인체의 기본적인 골의 구조는 뼈·연골·관절 및 인대로 나눌 수 있다.

2) 골의 기능
지지기능, 보호기능, 운동기능, 조혈기능, 저장기능이 있다.

3) 골의 발생
① 골화 : 뼈는 처음에는 단단하지 않은 조직이었으나, 나중에는 단단하게 변화되는 것이다.
② 연골 : 결합조직에서 연골의 형태로 뼈가 형성된 후 일부에서 골화가 되는 뼈이다.
③ 골단연골 : 성장기 뼈가 성장하는 곳이다.
④ 골단 : 뼈의 성장이 멈추고 완전한 뼈가 되는 것이다.

② 전신뼈대(전신골격)

팔과 다리의 뼈대 126개, 몸통의 뼈대 80개로 총 206개로 구성되어 있다. 체간의 골격에는 두개골, 설골, 이소골, 척주, 흉곽이 있고, 체지의 골격에는 상지대, 하지대로 나누어진다.
척추는 경추(7개), 흉추(12개), 요추(5개), 천골(1개), 미골(1개)로 총 26개가 있다.

Chapter 03 근육계통

① 근육의 형태 및 기능

1) 근육의 분류
    ① 수의근 : 의지에 따라 움직이는 근육으로 골격근이 있다.
    ② 불수의근 : 자율신경계의 지배에 따라 의지와 상관없이 움직이는 내장근(평활근)과 심장근이 있다.

2) 안면의 근육
    ① 안면근 : 얼굴의 표정이 생기므로 표정근이라고 한다.
    ② 저작근 : 교근, 측두근, 내측익돌근, 외측익돌근이 있다.

② 전신근육

1) 목의 근육
    넓은목근(광경근), 목빗근(흉쇄유돌근), 목뿔근육(설골근) 등이 있다.

2) 가슴의 근육
    전큰가슴근(대흉근), 작은가슴근(소흉근), 앞톱니근(전거근), 빗장말근(쇄골하근), 바깥갈비사이근(외늑간근), 속갈비사이근(내늑간근), 갈비아래근(늑하근), 갈비올림근(늑골거근) 등이 있다.

3) 등의 근육
    등세모근(승모근), 어깨올림근(견갑근), 작은마름근(소능형근), 큰마름근(대능형근), 넓은등근(광배근), 머리널판근(두판상근), 목널판근(경판상근), 목가시근(경극근), 가시사이근(극간근), 가로돌기사이근(횡돌간근) 등이 있다.

4) 복부의 근육
    배곧은근(복직근), 배바로근(복횡근), 배바깥빗근(외복사근), 내속비근(내복사근), 허리네모근(요방형근), 배세모근(추체근) 등이 있다.

5) 어깨의 근육
    어깨세모근(삼각근), 가시위근(극상근), 가시아래근(극하근), 작은원근(소원근), 큰원근(대원근), 어깨밑근(견갑하근) 등이 있다.

6) 어깨팔의 근육
    노쪽손목굽힘근(요측수근굴근), 긴손바닥근(장장근), 자쪽손목굽힘근(척측수근굴근), 긴엄지굽힘근(장무지굴근), 손가락폄근 등이 있다.

7) 엉덩 근육
    큰허리근(대요근), 작은허리근(소요근), 엉덩근(장골근) 등이 있다.

8) 볼기 근육

　큰볼기근(대둔근), 중간볼기근(중둔근), 작은볼기근(소둔근), 넙다리근막긴장근(대퇴근막장근)

9) 넙다리 근육

　두덩근(치골근), 긴모음근(장내전근), 두덩정강근(박근), 넙다리빗근(봉공근), 넙다리곧은근(대퇴직근), 안쪽넓은(내측광근), 넙다리두갈래근(대퇴이두근), 반힘줄모양근(반거양근) 등이 있다.

10) 종아리 근육

　앞정강근(전경골근), 긴종아리근(장비골근), 장딴지근(비복근), 오금근(슬와근), 긴발가락굽힘근(장지굴근), 뒤정강근(후경골근), 장딴지빗근(족저근), 가자미근(넙치근) 등이 있다.

Chapter 04 : 신경계통

① 신경세포와 신경섬유

1) 뉴런 : 신경조직의 기본단위로 세포체와 돌기로 구성되어 있다.
2) 시냅스 : 뉴런의 축삭돌기 말단과 뉴런의 수상돌기 사이의 연접 부위이다.
3) 축삭돌기 : 세포의 흥분을 다른 말초신경에 전달한다.
4) 수상돌기 : 수용기 세포에 자극을 받아 세포체에 전달한다.

② 말초신경

중추신경계	뇌	대뇌, 뇌간(간뇌, 중뇌, 연수, 뇌교), 소뇌	오감의 기능조절
	척수	뇌와 말초신경의 중간역할	
말초신경계	체성신경계	뇌신경 : 12쌍	중추신경에 전달받아 인체에 반응한다.
		척수신경 : 31쌍	
	자율신경계	교감신경	내장기관에 분포되어 무의식적으로 조절
		부교감신경	

자율신경

구분	심장박동	동공	소화액분비	혈관	호흡운동	방광	생식선
교감신경	혈압상승	확대	억제	수축	촉진	이완	억제
부교감신경	혈압하강	축소	촉진	이완	억제	수축	촉진

Chapter 05 : 순환계통

① 혈액

1) 혈액의 기능
   ① 호흡작용 : 산소와 이산화탄소를 운반한다.
   ② 조절작용 : 호르몬, 산과 염기 평형을 맞춤, 수분과 체온을 조절한다.
   ③ 영양작용 : 영양소를 운반하고 용존작용을 한다.
   ④ 배설작용 : 대사 노폐물을 제거한다.
   ⑤ 보호작용 : 백혈구로 방어작용, 혈액응고 작용을 한다.

2) 혈액의 구성
   ① 적혈구 : 산소를 운반하며, 헤모글로빈을 함유하며 핵이 없다.
   ② 백혈구 : 핵이 있으며, 식균작용을 한다.
   ③ 혈소판 : 핵이 없으며, 혈액응고에 관여하는 (트롬보키나아제)효소가 있어 과다출혈을 막아준다.
   ④ 혈장 : 혈구를 제외한 90% 이상을 차지한다.
   ⑤ 혈청 : 피브리노겐을 제외한 맑고 노란 액체성분이다.
   ⑥ 림프 : 식균작용 및 면역작용을 한다.

② 심장과 혈관

1) 심장의 구조
   혈액순환을 중심으로 하는 근육질 주머니이다. 두 개의 심방과 두 개의 심실로 구분되며, 혈액의 역류를 방지하기 위해 판막이 있다.
   ① 심방과 심실 : 심방은 혈액을 받아들이고, 심실은 혈액을 내보낸다.
   ② 판막 : 심방과 심실 수축 시 혈액의 역류를 막는다.

2) 심장의 박동 조절
   주기적인 수축과 이완으로 혈액을 온 몸으로 보낸다.

③ 혈관

기관계	구성	기능
배설계	신장, 수뇨관, 방광, 요도	배설물 배출, 항상성 조절
생식기계	정소, 난소, 자궁	종족 보존
감각계	눈, 귀, 피부, 코, 혀	자극의 수용

④ 순환

1) **체순환** : 혈액을 온몸에 전달해 주는 순환으로 심장의 좌심실 → 동맥 → 모세혈관 → 정맥을지 또는 우심방으로 돌아오는 순환이다.
2) **폐순환** : 폐에서 이산화탄소를 내보내고 산소를 받아들이는 역할을 하는 순환이다.

⑤ 림프

1) 모세혈관의 혈장성분은 조직세포로 나와서 조직액이 되는데 이 조직액은 다시 림프관으로 들어가서 림프가 된다.
   ① 림프의 구성 : 림프, 림프관, 림프절로 구성되어 있다.
   ② 림프순환 : 우측상지 → 우측쇄골하정맥, 좌측상지, 우측하지, 좌측하지 → 좌측쇄골하지정맥으로 순환한다.

Chapter 06 : 소화기계통

① 소화 생리

음식물이 소화기관을 통해 흡수하여 작은 물질로 가수분해 되는 작용이다.

1) **기계적 소화**
   소화기관의 물리적인 운동으로 소화액과 잘 섞이도록 하는 과정으로 저작운동, 연동운동 등이 있다.
   ① 저작운동 : 치아로 음식물을 잘게 부수는 작용이다.
   ② 연동운동 : 음식물을 이동시키는 작용이다.
   ③ 혼합운동 : 음식물과 소화액을 섞어주는 작용이다.

2) **화학적 소화**
   침샘, 위샘, 이자, 장샘 등의 소화샘에서 분비되는 소화효소에 의해 음식물 속의 분자를 분해하며, 영양소는 소장 벽에 흡수한다.

소화효소의 종류와 기능

소화기관	소화액	분비샘	소화효소	기능
입	침	침샘	아말리아제	녹말→엿당
위	위액	이자(췌장)	펩신	단백질→폴리펩티드(펩톤)
십이지장	이자액(췌액)	이자(췌장)	아밀라아제	녹말→엿당
			트립신	폴리펩티드→디펩티드
			키모토트립신	폴리펩티드→디펩티드
			리파아제	지방→지방산+글리세롤
소장	장액	장액	말타아제	엿당→포도당+포도당
			락타아제	젖당→포도당+갈락토오스
			수크라아제	설탕→포도당+과당
			펩티다아제	디펩티드→아미노산

② **대장의 작용**

소화액이 분비되지 않아 소화는 이루어지지 않으나 수분을 흡수한다.

③ **간의 작용**

① 쓸개즙을 만들어 지방의 소화를 돕는다.
② 포도당을 글리코겐으로 합성하여 저장하거나 분해한다.
③ 각종 유해한 물질을 해독한다.
④ 혈장 단백질과 필수 아미노산의 일부를 합성한다.
⑤ 탄수화물과 단백질을 지방으로 전환하여 저장하고 콜레스테롤과 인지질을 합성한다.

Chapter 07 : 내분비계

① 내분비선

혈액 중에 분비하는 기관을 내분비선이라 하며, 뇌하수체, 갑상선, 상피소체, 췌장, 부신, 난소, 정소 등이 있다.

뇌하수체의 분비선

분비선	호르몬	표적기관	주요기관
전엽	성장호르몬	모든 세포	뼈, 근육의 성장촉진
	갑상선자극호르몬	갑상선	티록신 분비 촉진(T_4)
	부신피질자극호르몬	부신피질	부신피질호르몬부비조절, 분비촉진
	난포자극 호르몬	난소, 고환	에스트로겐 분비촉진, 고환의 성숙촉진
	황체형성호르몬	난소, 고환	배란 및 황체 형성 촉진(여성)/남성호르몬
	프로락틴	유선	젖 분비 촉진
후엽	항이뇨호르몬	신장	신장의 수분배출조절, 혈관수축에 의한 혈압
	옥시토신	자궁 유선	자궁근 수축촉진, 분만유도
갑상선	티록신	모든 세포	세포대사율의 증가, 심장의 수축 및 심박수 증가
	칼시토닌	뼈	혈중 칼슘 이온 농도의 조절
부갑상선	파라토르몬	뼈, 소장, 신장	혈액 중의 칼슘과 인의 농도 조절
부신피질	아드레날린	모든 세포	혈당량 증가, 혈당량 감소 조절
부신피질	미네랄코르티코이드 (알도스테롤)	신장	신장에서 나트륨 및 칼륨 이온 교환조절
	당질코르티코이드 (코티솔)	모든 세포	혈당량 증가
이자(랑게르한스섬)	인슐린	모든 세포	혈당량 감소
	글루카곤	모든 세포	혈당량 증가
고환	테스토스테론	성, 근육	남성 2차 성징 발현
난소	에스트로겐, 프로게스테론	성기관, 지방조직	여성 2차 성징 발현, 임신유지, 배란 억제

Chapter 08 배설계

① 신장의 구조 및 작용

1) 신장의 구조
① 피질 : 네프론을 구성하고 있는 말피기소체(사구체+보먼 주머니)와 세뇨관으로 분포한다.
② 수질 : 세뇨관의 일부와 모세혈관이 분포한다.
③ 신우 : 오줌이 모이는 곳이다.

2) 오줌의 생성
신장으로 들어온 혈액은 여과, 재흡수, 분비의 과정을 거쳐 걸러진 노폐물은 오줌으로 배설된다.
- 여과 : 사구체 → 보먼주머니로 이동한다.
- 재흡수 : 세뇨관 → 모세혈관 (항이뇨호르몬 : ADH, 바소프레신)으로 이동한다.
- 분비 : 모세혈관 → 세뇨관으로 분비된다.

3) 수분과 무기 염류의 조절
수분의 조절(항이뇨호르몬), 무기 염류의 조절

4) 땀
99%의 물과 0.3% 정도의 염분, 미양의 요소와 요산 등이 포함되어 있어 노폐물 배설과 체온조절 기능을 한다.

Chapter 09 생식기계

남성의 생식기

1) 정소
정자 형성, 테스토스테론 분비한다.

2) 부정소
미성숙한 정자가 일시적으로 저장하는 장소로 운동능력을 갖추게 된다.

3) 수정관
정자가 요도까지 이동하는 관이다.

4) 부속선
정자의 활동을 촉진하는 물질을 분비한다.

5) 요도
오줌이나 점액이 체외로 배출하는 관이다.

② 여성의 생식기

1) 난소

   난자형성, 에스트로젠과 프로게스테론을 분비한다.

2) 나팔관

   배란된 난자를 받아들여 수란관으로 이동시킨다.

3) 수란관

   수정란이 자궁까지 이동하는 관이다.

4) 자궁

   수정란이 착상하여 태아가 자라나는 장소이다.

5) 질

   자궁에서 체외로 이어지는 근육의 관이다.

해부생리학

01 골격계의 기능이 아닌 것은?
① 보호기능 ② 저장기능
③ 지지기능 ④ 열 생산기능

> 해설
> 열 생산기능은 근육계의 기능이다.

02 신경계에 관련된 설명이 옳게 연결된 것은?
① 시냅스 – 신경조직의 최소단위
② 축삭돌기 – 수용기세포에서 자극을 받아 세포체에 전달
③ 수상돌기 – 단백질을 합성
④ 신경초 – 말초신경섬유의 재생에 중요한 부분

> 해설
> • 시냅스 : 축살돌기 말단과 다른 뉴런의 수상돌기 사이의 연접부위
> • 축삭돌기 : 뉴런의 세포체에서 뻗어나온 긴 돌기, 신경세포의 흥분을 전달
> • 수상돌기 : 신경세포에 달려 신경 자극을 중계하는 가느다란 세포질의 돌기

03 혈액의 기능이 아닌 것은?
① 체내의 유분을 조절하고 pH를 낮춘다.
② 조직에 산소를 운반하고 이산화탄소를 제거한다.
③ 조직에 영양을 공급하고 대사 노폐물을 제거한다.
④ 호르몬이나 기타 세포 분비물을 필요한 곳으로 운반한다.

> 해설
> pH를 조절한다.

04 세포 내에서 호흡생리를 담당하고 이화작용과 동화작용에 의해 에너지를 생산하는 곳은?
① 리소좀 ② 염색체
③ 소포체 ④ 미토콘드리아

05 평활근에 대한 설명 중 틀린 것은?
① 신경을 절단하면 자동적으로 움직일 수 없다.
② 운동신경의 분포가 없는 대신 자율신경이 분포되어 있다.
③ 내장기관의 활동을 담당하므로 내장근이라고도 한다.
④ 수축이 느리고 약하나 지속적이며 피로하지 않는 특성이 있다.

> 해설
> 자율신경계로부터 2중 신경지배를 받으므로 불수의근이다.

06 승모근에 대한 설명으로 틀린 것은?
① 가슴을 펴주는 기능이 있다.
② 지배신경은 견갑배신경이다.
③ 쇄골과 견갑골에 부착되어 있다.
④ 견갑골의 내전과 머리를 신전한다.

> 해설
> 승모근의 지배신경은 척추 부신경이다.

07 다음 중 척수신경이 아닌 것은?
① 경신경 ② 흉신경
③ 요신경 ④ 미주신경

정답 01 ④ 02 ④ 03 ① 04 ④ 05 ① 06 ② 07 ④

> 해설
> - 경신경 : 경추신경
> - 흉신경 : 흉추신경
> - 요신경 : 요추신경
> - 미주신경 : 최대의 부교감신경

08 물질 이동 시 물질을 이루고 있는 입자 둘이 스스로 운동하여 농도가 높은 곳에서 낮은 곳으로 액체나 기체 속의 분자가 퍼져나가는 현상은?
① 능동수송   ② 확산
③ 삼투   ④ 여과

09 다음 중 다당류인 전분을 2당류인 맥아당이나 덱스트린으로 가수분해하는 역할을 하는 타액내의 효소는?
① 리파제   ② 프티알린
③ 인슐린   ④ 말티아제

> 해설
> - 프티알린 : 아밀라이제를 부르는 이름이다.
> - 리파제 : 췌장에서 분비되며 지방산과 글리세롤로 분해한다.
> - 인슐린 : 췌장에서 생산되며 혈당을 내려주는 호르몬이다.
> - 말티아제 : 맥아당을 분해하는 효소로 이자액, 장액 등에 들어 있다.

10 인체의 3가지 형태의 근육 종류 명이 아닌 것은?
① 골격근   ② 내장근
③ 승모근   ④ 심근

> 해설
> 근육의 종류는 골격근, 내장근, 심근이다.

11 폐에서 이산화탄소를 내보내고 산소를 받아들이는 역할을 수행하는 순환은?
① 체순환   ② 폐순환
③ 전신순환   ④ 문맥순환

12 중추 신경계는 어떻게 구성되어 있나?
① 중뇌와 대뇌   ② 뇌간과 척수
③ 교감신경과 뇌간 ④ 뇌와 척수

13 다음 중 간의 역할에 가장 적합한 것은?
① 소화와 흡수촉진
② 부신피질호르몬생산
③ 음식물이 역류방지
④ 담즙의 생성과 분비

> 해설
> 소장 : 소화와 흡수 촉진, 부신 : 부신피질호르몬 생산

14 인체의 골격은 약 몇 개의 뼈(골)로 이루어지는가?
① 약 206개   ② 약 276개
③ 약 269개   ④ 약 365개

15 성장호르몬에 대한 설명으로 틀린 것은?
① 분비 부위는 뇌하수체 후엽이다.
② 기능 저하 시 어린이의 경우 저신장증이 된다.
③ 기능으로는 골, 근육, 내장의 성장을 촉진한다.
④ 분비 과다 시 어린이는 거인증, 성인의 경우 말단 비대증이 된다.

> 해설
> 뇌하수체 전엽에서 나온다.

정답 08 ② 09 ② 10 ③ 11 ② 12 ④ 13 ④ 14 ① 15 ①

03 피부미용기기학

Chapter 01 : 피부미용기기 및 기구

 기본용어와 개념

1) 원소
   가장 기본적인 성분으로 어떠한 방법으로 분해 할 수 없는 물질을 의미한다.

2) 화합물
   두 종류의 원소로 이루어진 순수한 물질로 각 원소의 성질은 없고, 새로운 성질을 가지게 된다.

3) 혼합물
   두 가지 원소가 물리적으로 결합되어 생성된 물질이나 특성이 변화하지 않고, 물리적인 방법으로 분리할 수도 있다.

4) 원자
   원소의 기본단위 입자로 가장 작은 단위이다.

5) 분자
   원자와 원자가 만나서 분자의 구조를 이루는 것으로, 물질의 기본 특성을 가지고 있는 최소 단위이다.

6) 이온
   원자가 가지고 있는 전자를 잃거나 얻는 것으로 양이온과 음이온으로 구분한다.
   ① 음이온 : 전자를 얻어서 음(−)전하를 띤 이온이다.
   ② 양이온 : 전자를 잃어서 양(+)전하를 띤 이온이다.
   ③ 다른 전하의 이온은 서로 끌어당기고, 같은 전하의 이온은 밀어낸다.

7) 이온결합
   양이온과 음이온은 서로 결합한다.

② 전기와 전류

1) 전기의 용어
① 전류 : 1초에 한 점을 통과하는 전자의 수이며, 단위는 암페어(amperes)이다.
② 전압 : 전류를 만드는데 필요한 압력이며 볼트(volts)라고 한다.
③ 저항 : 도체가 전기를 통과시키지 않으려고 저항을 하는 것으로 옴(ohms)이라고 한다.
④ 전력 : 전기를 일정 시간 사용한 전류의 양이며 단위는 와트(watt)이다.

2) 전기의 효과
① 열 효과 : 온도상승
② 화학적인 효과 : 전해질로 인하여 이온화되어 미용에 이용할 수 있다.
③ 전자기 효과 : 자석과 비슷한 성질을 갖는다.

3) 전류의 용어
전자의 흐름이며, (+)에서 (-)로 이동하며, 고체, 액체, 기체, 진공 속에서도 흐른다.
① 직류 : 일정한 방향으로 흐른다.
② 교류 : 시간과 주기적으로 변하는 방향이다.

③ 기기·기구의 종류 및 기능

1) 피부분석기
① 확대경
- 육안으로 구분하기 어려운 색소침착, 블랙헤드, 화이트헤드, 미세한 주름을 3~5배 정도 확대해서 보여주는 기기이다.
- 여드름 압축 시 효과적이다.

② 우드램프
- 자외선과 가시광선을 나오는 스펙트럼 중 일부만 나오도록 만든 피부분석기기이다.
- 육안으로 보기 어려운 피지, 색소침착, 민감 상태, 먼지 등을 색상으로 진단할 수 있다.
- 피부상태에 따른 피부색

정상피부	청백색
지성피부	오렌지색
건성피부	연보라색
색소침착	암갈색, 갈색
노화된 각질	흰색

③ 수분 측정기
- 각질층의 수분 함유량을 측정하는 기기이다.
- 수치기준은 제조회사의 기기에 따라 조금씩 다르다.

④ 유분 측정기
- 표피의 유분 함유도를 측정하는 기기이다.
- 플라스틱 필름에 묻은 피지를 광도측정법으로 측정한다.

⑤ 피부 pH 측정기
- 피부의 산성화 정도를 나타낸다.
- pH : 수소이온농도지수로 산이나 염기의 세기를 나타내는 것으로 수소이온이 많을수록 산 성을 나타내며, 범위는 1~14이며 7을 기준으로 낮으면 산성, 높으면 알칼리라고 한다.

⑥ 진동 브러시(후리마돌)
- 회전 브러시를 이용하여 클렌징과 마사지를 사용 용도에 따라 적절하게 사용하면 효과적으로 사용가능하다.
- 모공세척 및 각질 제거 효과를 볼 수 있다.

⑦ 진공흡입기
- 피부상태에 따라 흡입력을 조절하여 피지제거나 흡입으로 림프마사지를 사용할 수 있다.
- 흡입관의 다양한 크기와 모양이 있다.
- 묵은 각질과 피지제거에 효과적이다.
- 표면에 자극을 주어 혈액순환 촉진과 노폐물 제거에 효과적이며, 셀룰라이트 분해에 도움이 된다.

⑧ 분무기(스프레이)
- 증류수나 피부에 필요한 플로럴워터 등 원하는 내용물을 얼굴에 미세하게 분무한다.
- 모세혈관의 수축효과와 민감성 피부에는 진정 효과가 있다.
- 분무 시에는 직접 코, 입, 눈에 들어가지 않도록 하며, 압력에 의해 찬 기운으로 여름에는 시원하지만, 겨울에는 주의해야 한다.

⑨ 스티머
- 내장된 센서가 물을 가열하여 초미립자 증기를 만든 다음, 고객의 안면에 쐬어주는 기기이다.
- 증기만 공급하는 기기와 오존O_3을 함께 공급하는 기기가 있다.
- 수분으로 인하여 각질연화와 혈액순환을 촉진한다.
- 오존으로 인하여 살균효과가 있다.

⑩ 갈바닉 전류를 이용한 기기
- 표피층을 통과하기 어려운 수용성 물질을 침투시키거나 피지를 연화시켜 제거가 용이하여 묵은 각질을 쉽게 제거할 수 있다.
- 음극(−)에서는 피부를 연화효과가 있다.
- 양극(+)에서는 피부의 진정과 영양물질을 침투시킬 수 있다.
- 음극에서는 혈액공급이 증가하여 모공이 확장되고, 양극에서는 혈액공급이 감소되어 모공이 수축된다.

양극	음극
산성반응	알칼리반응
신경 안정	신경 자극
피부 강화	피부 연화
진정효과	자극효과
통증 감소	통증 유발
혈관수축	혈관 확장
수렴효과	모공세정효과

⑪ 고주파 기기
- 초당 10만Hz 이상의 주파수를 가지는 기기로 빠른 진동으로 근육의 수축은 없으나, 심부의 열을 발생시켜 혈액순환을 촉진시키며, 오존의 발생으로 살균작용을 한다.
- 통증 완화작용으로 피부를 진정시키며, 제품이 진피 층까지 침투되도록 도와준다.

⑫ 초음파 기기
- 주파수 2만Hz 이상으로 기체보다 액체나 고체에서 잘 전달되며 인간의 귀로 들을 수 없는 진동으로 인해 열을 발생한다.
- 혈액순환, 림프 순환 촉진, 지방분해, 리프팅, 세정 효과가 있다.

⑬ 바이브레이터 기기
- 기계적 마사지로 근육의 긴장과 통증을 완화하고 진동을 이용하여 혈액순환을 촉진하며 노폐물 배출에 용이한 마사지기기이다.
- 신체의 굴곡에 따라 사용하며, 피부에 멍이 들지 않게 한다.
- 헤드 종류
  - 라운드와 커브된 스펀지 헤드 : 쓰다듬기, 관리시작과 마무리에 사용
  - 싱글과 더블 볼 헤드 : 반죽 효과, 근육이 발달 된 부위에 사용
  - 에그 박스 헤드 : 셀룰라이트 분해효과
  - 멀티 프롱드 헤드 : 셀룰라이트 분해효과
  - 스카이키 또는 브러시 헤드 : 두드러기 효과

⑭ 저주파 기기
- 1,000Hz 이하로 근육에 전기를 자극하여 운동시켜 지방을 에너지로 발산하게 하는 원리이다.
- 비만관리와 탄력, 근육의 통증을 완화, 체내 노폐물 배출효과가 있다.

⑮ 중주파 기기
- 중저파 전류 10,000Hz 이하로 심부조직에 저주파 사용 시 근육수축으로 인해 통증을 배제한 기기이다.
- 신진대사 촉진으로 인체의 에너지가 활성화되어 지방분해가 일어난다.
- 운동신경 및 근육에 직접 자극하여 림프순환으로 인해 부종과 염증을 완화한다.

⑯ 스파테라피
- 물의 압력과 온도를 이용하여 혈액순환을 도와 건강하게 도와주는 요법이다.
- 통증을 감소시키고, 근육을 이완시켜 부종을 완화시킨다.
- 지방분해로 비만관리와 스트레스에 효과적이다.
- 저혈압인 경우는 20분 이내로 해야 한다.
- 운동이나 식사 후에 바로 하지 않으며, 왁싱 후에 하지 않는다.
- 스파 후에는 물을 충분히 제공한다.

2) 광선요법
① 원적외선 기기
적외선 파장이 물질에 흡수될 때 분자의 운동으로 열이 발생하여 따뜻하게 하는 성질이다.
- 종류
  - 근적외선 : 파장이 짧고 크림이나 팩을 침투시킬 때 좋은 효과를 낸다.
  - 중적외선 : 적외선과 중간의 파장을 지닌다.
  - 원적외선 : 가장 긴 파장으로 피부의 침투는 적으나, 고객이 뜨겁게 느낄 수 있다.
- 효과 : 열에 의해 신진대사 작용으로 노폐물이 배출되며, 통증완화에 효과적이다.

Chapter 02 피부미용기기 사용법

① 기기·기구 사용법

1) 피부분석기기
① 확대경
  ㉠ 깨끗하게 클렌징 한 후 피부상태를 측정한다.
  ㉡ 형광램프가 있어 사용 전 아이패드로 눈을 가린다.
  ㉢ 사용 전에 고객의 얼굴 위에서 형광램프를 켜지 않는다.
  ㉣ 사용 후에도 확대경을 이동 후에 형광램프를 끈다.
② 우드램프
  ㉠ 클렌징을 깨끗하게 한다.
  ㉡ 어두운 상태에서 측정이 정확하므로, 주위를 어둡게 하여 사용한다.
  ㉢ 눈을 감고 측정을 한다.
  ㉣ 피부타입을 확인 한 후 램프를 끈다.
③ 수분 측정기
  ㉠ 측정 시 직접조명은 피해야 한다.
  ㉡ 세안 후 2시간 후 측정하는 것이 정확하게 측정할 수 있다.
  ㉢ 온도 20~22℃, 습도 40~60% 정도가 적당하다.

④ 유분 측정기
  ㉠ 알코올이 없는 클렌징제로 측정 부위를 깨끗하게 닦는다.
  ㉡ 측정부위를 2시간 정도 후에 측정한다.
  ㉢ 온도 20~22℃, 습도 40~60% 정도가 적당하다.
  ㉣ 측정 부위에 30초 내에 접촉시킨다.
⑤ 피부 pH측정기
  ㉠ pH 탐침을 증류수에 깨끗하게 씻는다.
  ㉡ 물기를 제거한다.
  ㉢ 탐침을 측정 피부 부위에 수직으로 세워 가볍게 누르면 화면에 수치가 표시된다.

2) 안면관리 시 이용되는 미용기기
  ① 진동 브러시(후리마돌)
    • 사용방법
      ㉠ 사용 용도에 맞게 브러시를 핸드피스에 끼운다.
      ㉡ 피부에 클렌징로션 또는 딥클렌징을 도포한다.
      ㉢ 스위치를 켜고 적절한 회전속도로 조절한다.
      ㉣ 브러시를 교환할 때는 스위치를 끄고 교환하고 다시 스위치를 켠다.
      ㉤ 시술은 목에서 시작하여 이마로 하며, 회전 시 손목은 돌리지 않는다.
      ㉥ 브러시 각도는 90도로 가볍게 움직인다.
      ㉦ 사용 후에는 중성세제로 세척한 후 알코올에 20분 정도 담가둔다.
      ㉧ 브러시가 마르면 자외선 소독기에 보관한다.
    • 비적용증 : 모세혈관 확장 피부, 화농성 피부, 알레르기 피부, 일광이나 화상에 손상된 피부이다.
  ② 진공흡입기
    ㉠ 관리 부위를 깨끗하게 클렌징한다.
    ㉡ 부위에 따라 흡입관을 선택한다.
    ㉢ 관리 부위에 잘 움직일 수 있도록 크림을 도포하고, 적당한 압력을 선택한다.
    ㉣ 피지 제거 시에는 흡입관의 구멍을 손가락으로 막고 떼었다가 반복 실시한다.
    ㉤ 안면 부위는 흡입관의 10% 이하 흡입하면 된다. 전신관리 시 20% 이하 흡입하면 된다.
    ㉥ 한 부위를 20분 이상하거나 압력이 강하면 피멍이 생길 수 있으니 주의하도록 해야 한다.
  ③ 분무기(스프레이)
    ㉠ 스프레이 용기에 내용물을 담는다.
    ㉡ 고객이 눈을 감거나, 아이패드를 한다.
    ㉢ 분무량은 조절한다.
    ㉣ 분무가 끝나면 스프레이 용기에 액을 제거하거나 냉장고에 보관한다.

④ 스티머
- 사용방법
  ㉠ 사용하기 10분 전에 물통을 물을 넣고 스위치를 켜서 증기가 나오도록 준비한다.
  ㉡ 스팀이 나오기 전에 필요에 따라 오존을 켠다.
  ㉢ 피시술자와 스티머는 분무위치를 40㎝ 전후 맞춘다.
  ㉣ 피부상태에 따라 적정거리 및 시간을 준수한다(민감 : 3~5분, 노화 : 6~10분, 여드름 : 오존10~15분).
  ㉤ 물통에 물이 적으면 스팀 작용이 멈춘다.
  ㉥ 물통의 세척은 가벼운 수세미로 하고, 센스의 석회질이 쌓였을 경우 전원이 차단된 상태에서 식초:물을 1:8로 희석하여 세척하여 말린다.
- 비적용증 : 민감 피부, 모세혈관확장 피부, 상처가 있는 피부, 당뇨병 환자 등이 있다.

⑤ 갈바닉 전류를 이용한 기기
- 사용방법
  ㉠ 깨끗하게 클렌징 한다.
  ㉡ 피부에 따라 앰플을 선정한다.
  ㉢ 스틱 도자나 룰러도자에 물을 적신 솜을 감아 둔다.
  ㉣ 고객의 손에 다른 도자를 쥐게 한다.
  ㉤ 스위치를 켠 후 도자를 천천히 움직여야 침투효과가 크다.
  ㉥ 딥클렌징으로 사용할 경우 앰플 대신에 식염수를 적신 솜을 도자에 감싼 후에 얼굴에 천천히 도자를 돌려준다.
  ㉦ 사용 후에는 깨끗하게 닦아야 한다.
- 비적용증 : 피부병, 감염성 피부, 몸속의 금속물질이 있거나 금속치아가 있는 경우, 인공 심장기를 달은 경우, 신경이 과민한 경우, 저혈압, 당뇨병이거나 임신한 경우 등이 있다.

⑥ 고주파 기기
- 직접법
  ㉠ 시술자는 전극을 손에 쥐고 고객의 피부에 접촉한다.
  ㉡ 트리트먼트 제품이나 거즈 위에 직접 전극을 사용한다.
  ㉢ 유리전극봉을 관리사가 잡고 피부에서 손을 떼지 않고 전원을 켜고 주파수를 올린다.
  ㉣ 동작이 끝나면 유리관을 피부에서 움직이면서 주파수를 내리고 전원을 내린다.
- 간접법
  ㉠ 관리사가 관리를 하는 동안 고객이 전극을 쥐고 있도록 한다.
  ㉡ 스파크가 튀지 않도록 고객이 전극을 잡게 한 후 스위치를 켠다.
  ㉢ 고객의 얼굴에 영양 크림을 도포하고 관리사는 원을 그리며 고객의 얼굴과 목을 마사지 할 때, 한 손은 계속 고객의 얼굴에 떼지 않아야 한다. 두 손을 한꺼번에 떼면 전류가 상대적으로 강해져 고객에게 스파크가 튈 수 있다.
  ㉣ 고객이 전극을 놓기 전에 스위치를 끈다.

- 주의사항
    - ㉠ 고객의 악세사리를 모두 제거한다.
    - ㉡ 유리전극을 알코올이 함유된 제품에 닿으면 불꽃이 튀어 화상을 입힐 수 있다.
- 비적용증 : 혈전증, 임산부, 심장병, 인공 심박기나 인체에 금속을 착용한 사람, 피부환자 등이 있다.

⑦ 초음파 기기
- ㉠ 고객의 악세사리를 모두 제거한다.
- ㉡ 전용 제품을 도포한다.
- ㉢ 전원 스위치를 켜고 피부에 맞는 프로그램을 선택하고, 관리시간을 설정하여 시작
- ㉣ 스크러버 사용 시 표면과의 45도 정도가 적당하다.
- ㉤ 한 부위를 5초 이상 머무르지 않게 한다.
- ㉥ 관리시간은 15분 이상하지 않으며, 항상 깨끗이 닦아서 사용한다.
- 비적용증 : 혈전증, 임산부, 심장병, 인공심박기나 인체에 금속을 착용한 사람, 피부환자는 금한다.

3) 전신 관리 시 이용되는 미용기기
① 바이브레이터 기기
- 신체의 굴곡에 따라 사용하며, 피부에 멍이 들지 않게 한다.
- 헤드 종류
    - 라운드와 커브된 스펀지 헤드 : 쓰다듬기, 관리시작과 마무리에 사용
    - 싱글과 더블 볼 헤드 : 반죽 효과, 근육이 발달 된 부위에 사용
    - 에그 박스 헤드 : 셀룰라이트 분해효과
    - 멀티 프롱드 헤드 : 셀룰라이트 분해효과
    - 스카이키 또는 브러시 헤드 : 두드러기 효과

② 저주파 기기
- ㉠ 작동하기 전에 스위치가 꺼져 있는지 확인한다.
- ㉡ 관리할 부분에 물을 적신 스펀지를 대고 그 위에 패드를 부착한 후 전원을 켜고 고객에게 맞는 강도를 조절한다.
- ㉢ 패드와 패드사이가 붙지 않도록 주의한다.
- ㉣ 관리가 끝나면 전원을 끈 후, 패드를 제거한다.
- ㉤ 스펀지와 패드는 세척하여 자외선 소독기에 살균한다.
- 비적용증 : 임산부, 심장병, 인공심박기나 인체에 금속을 착용한 사람, 피부환자, 노약자는 피한다.

③ 중주파 기기
- 사용법 : 저주파와 동일하다.
- 비적용증 : 임산부, 심장병, 인공심박기나 인체에 금속을 착용한 사람, 피부환자, 노약자는 피한다.

④ 스파테라피
  ㉠ 기기에 따라 사용법이 다르다.
  ㉡ 운동이나 식사 후에 바로 하지 않으며, 왁싱 후에 하지 않는다.

4) 기타 미용기기

① 제모기
  ㉠ 왁스 워머기의 스위치를 켠다.
  ㉡ 왁스를 녹여서 묽기를 조절한다.
  ㉢ 제모 할 부분을 소독한다.
  ㉣ 탈크 파우더를 바른다.
  ㉤ 왁스를 털이 난 방향으로 우드 스틱을 이용하여 얇게 바른다.
  ㉥ 부직포를 이용하여 털이 난 방향으로 밀착시킨다.
  ㉦ 털이 난 반대방향으로 떼어낸다.
  ㉧ 타올로 진정시키거나, 진정로션을 발라 준다.
  ㉨ 하드왁스는 부직포를 사용하지 않는다.

- 주의사항
  ㉠ 온도 측정을 위해 손목 안쪽에 왁스를 살짝 도포 후에 시술한다.
  ㉡ 사우나, 목욕, 수영은 왁스 후 24시간이 경과한 후에 한다.
  ㉢ 상처 난 부위에 적용을 하면 멍이 생겨 색소침착이 생길 수 있다.

피부미용기기학

01 스티머 활용시의 주의사항과 가장 거리가 먼 것은?
① 피부타입에 따라 스티머의 시간을 조정한다.
② 상처가 있거나 일광에 손상된 피부에는 사용을 제한하는 것이 좋다.
③ 스팀이 나오면 코끝부분으로 기기를 조절한 후 고정하여 스티머를 사용한다.
④ 오존을 사용하지 않는 스티머를 사용하는 경우는 아이패드를 하지 않아도 된다.

> **해설**
> 스팀이 나오면 턱끝부분으로 기기를 조절한 후 고정하여 스티머를 사용한다.

02 우드램프로 피부상태를 판단할 때 지성 피부는 어떤 색으로 나타나는가?
① 빨간색
② 흰색
③ 오렌지
④ 진보라

> **해설**
> • 먼지 : 흰색
> • 악건성 : 진보라
> • 건성 : 보라

03 디스인크러스테이션에 대한 설명 중 틀린 것은?
① 기기와 전극봉을 균일하게 적셔 사용한다.
② 모공에 있는 피지를 분해하는 작용을 한다.
③ 양극봉은 활동 전극봉이며 박리관리를 위하여 안면에 사용된다.
④ 화학적인 전기분해에 기초를 두고 있으며 직류기 식염수를 통과할 때 발생하는 화학작용을 이용한다.

> **해설**
> 음극봉이 활동 전극봉이며, 박리관리를 위하여 안면에 사용된다.

04 고주파 직접법의 주 효과에 해당하는 것은?
① 살균효과   ② 피부강화
③ 온열효과   ④ 신진대사작용

> **해설**
> 직접법은 지성과 여드름 피부에 효과적이며 살균작용과 피지 제거 효과가 있다.

05 피부를 분석 시 고객과 관리사가 동시에 피부상태를 보면서 분석하기에 가장 적합한 피부분석기기는?
① 확대경(magnifying lamp)
② 우드램프(wood lamp)
③ 브러싱(brushing)
④ 스킨스코프(skin scope)

정답 01 ③ 02 ③ 03 ③ 04 ① 05 ④

> **해설**
> • 확대경, 우드램프 : 관리사만 피부분석을 할 수 있다.
> • 브러싱 : 딥클렌징 시 사용되는 기기이다.

06 지성피부의 면포추출에 사용하기 가장 적합한 기기는?
① 스프레이　② 고주파기
③ 리프팅기　④ 진공흡입기

07 용액 내에서 이온화 되어 전도체가 되는 물질은?
① 전기분해　② 분자
③ 혼합물　④ 전해질

> **해설**
> • 전기분해 : 전류에 의해 화학 변화가 일어나는 것
> • 혼합물 : 2개 이상의 물질이 성질은 변하지 않고, 모양만 변하는 것
> • 분자 : 물질의 최소단위

08 프리마톨을 가장 잘 설명한 것은?
① 리프팅기를 이용하여 모공의 피지와 불필요한 각질을 제거하기 위해 사용하는 기기이다.
② 회전브러쉬를 이용하여 모공의 피지와 불필요한 각질을 제거하기 위해 사용하는 기기이다.
③ 스프레이를 이용하여 모공의 피지와 불필요한 각질을 제거하기 위해 사용하는 기기이다.
④ 진공흡입기를 이용하여 모공의 피지와 불필요한 각질을 제거하기 위해 사용하는 기기이다.

09 직류(Direct current)에 대한 설명으로 옳은 것은?
① 가정과 산업현장에서 광범위하게 사용된다.
② 변압기에 의해 승압 또는 강압이 가능하다.
③ 시간의 흐름에 따라 방향과 크기가 주기적으로 변한다.
④ 지속적으로 한쪽 방향으로만 이동하는 전류의 흐름이다.

> **해설**
> ①, ②, ③은 교류에 대한 설명이다.

10 모세혈관 확장피부의 안면관리로 적당한 것은?
① 비타민 P의 섭취를 피하도록 한다.
② 스티머(steamer)는 분무거리를 가까이 한다.
③ 왁스나 전기마스크를 사용하지 않도록 한다.
④ 혈관확장 부위는 안면진공흡입기를 사용한다.

> **해설**
> • 스티머의 분무거리를 가까이 하면 모세혈관이 더 확장된다.
> • 안면진공흡입기를 사용하면 모세혈관이 더 확장된다.
> • 비타민 P는 섭취해야 한다.

정답 06 ④　07 ④　08 ②　09 ④　10 ③

11 전류에 대한 설명이 틀린 것은?

① 전자의 방향과 전류의 방향은 반대이다.
② 전류의 방향은 도선을 따라 (+)극에서 (-)극 쪽으로 흐른다.
③ 전류의 세기는 1초 동안 도선을 따라 움직이는 전하량을 말한다.
④ 전류는 주파수에 따라 초음파, 저주파, 중주파, 고주파 전류로 나뉜다.

> **해설**
> 주파수에 따라 저주파, 중주파, 고주파로 나뉘며, 초음파는 진동 주파수이다.

12 다음 중 pH의 옳은 설명은?

① 어떤 물질의 용액 속에 들어있는 수소이온의 농도를 나타낸다.
② 어떤 물질의 용액 속에 들어있는 수소분자의 농도를 나타낸다.
③ 어떤 물질의 용액 속에 들어있는 수소이온의 질량을 나타낸다.
④ 어떤 물질의 용액 속에 들어있는 수소분자의 질량을 나타낸다.

13 컬러테라피의 색상 중 활력, 세포재생, 신경긴장 완화, 호로몬대사 조절 효과를 나타내는 것은?

① 주황색 ② 노란색
③ 초록색 ④ 보라색

> **해설**
> • 노란색 : 소화기계 기능 완화, 슬리밍 효과, 조기노화완화
> • 보라색 : 면역성 완화, 식욕조절로 인해 다이어트효과, 색소침착완화
> • 초록색 : 신경안정

14 갈바닉(galvanic) 기기의 음극 효과로 틀린 것은?

① 세정작용
② 피부의 연화
③ 모공의 수축
④ 혈액공급의 증가

> **해설**
> 모공의 확장으로 노폐물이 배출된다.

15 초음파를 이용한 스킨 스크러버의 효과가 아닌 것은?

① 지방 분해 작용이 있다.
② 각질 제거 및 세정효과가 있다.
③ 상처부위에 재생효과가 있다.
④ 영양물질 공급으로 인해 피부탄력을 부여한다.

> **해설**
> 상처부위에 사용을 하면 안 된다.

정답 11 ④　12 ①　13 ①　14 ③　15 ③

04 화장품학

Chapter 01 화장품학개론

 화장품의 정의

화장품법 제 2조 제1호에 인체를 청결·미화하여 매력을 더하고 용모를 밝게 변화시키거나 피부·모발의 건강을 유지 또는 증진하기 위하여 인체에 사용되는 물품으로서 인체에 대한 작용이 경미한 것과 화장품법 제2조 제2호에는 피부 주름 개선에 도움을 주는 제품, 피부 미백에 도움을 주는 제품, 피부를 곱게 태워주거나 자외선으로부터 피부를 보호하는 데 도움을 주는 제품 등으로 정의하고 있다.

1) 화장품, 의약품, 의약외품의 차이

	사용 대상	사용 목적	사용기간	부작용	인허가 조건
화장품	정상인	인체 청결 및 미용	평생사용	없음	지정성분표시
의약품	질병인	진단, 치료	일정기간	있음	유효성분표시
의약외품	정상인, 질병인	치약, 염모제	평생사용	없음	

2) 화장품의 4대요건

① 안전성 : 피부에 대한 자극이나 알레르기와 독성이 없을 것
② 안정성 : 보관에 따라 변질, 변취, 분리, 미생물의 오염이 없을 것
③ 사용성 : 피부에 사용 시 손놀림이 쉽고 피부에 잘 스며들 것
④ 유효성 : 피부에 적절한 보습과 노화지연, 자외선 차단, 미백, 세정, 색채효과 등을 부여할 것

 화장품의 분류

1) 기초 화장품

사용 목적	제품
세정	클렌징, 딥클렌징 제품
정돈	화장수, 팩, 마사지크림 등
보호	세럼, 에센스, 로션, 크림, 남성 면도용 제품 등

2) 메이크업 화장품(색조 화장품)

사용 목적	제품
베이스 메이크업	메이크업 베이스, 파운데이션, 페이스 파우더
포인트 메이크업	립스틱, 블러셔, 아이섀도, 아이라이너, 마스카라, 아이브로우펜슬
네일케어&아트	네일 에나멜

3) 전신 화장품

사용목적	제품
목욕용	액체세정제, 입욕제, 비누
자외선차단	선블럭, 선스크린, 선오일
땀방지, 체취방지	데오드란트, 방취 스프레이
탈색, 제모	제모크림, 제모 왁스
보호	바디로션, 바디오일

4) 두발 화장품
① 모발용 : 세정에는 샴푸가 있으며, 트리트먼트에는 헤어트리트먼트, 린스, 헤어에센스가 있다.
② 두피용 : 퍼머넌트웨이브, 염모, 탈색, 육모, 양모, 트리트먼트로 나뉜다.

5) 방향 화장품
체취순화, 향기로 아름다움을 표현하는 것으로 향수와 오데코롱이 있다.

Chapter 02 화장품제조

 화장품의 원료

1) 수성원료
① 정제수 : 미생물이나 금속이온이 제거된 물이다.
② 에탄올 : 살균 및 소독의 효과가 있으며 수렴화장수에 많이 들어간다.
③ 글리세린 : 3가 알코올로 보습제로 많이 사용한다.

2) 유성원료
① 식물성 원료
- 올리브유 : 올리브나무의 열매를 냉동 압착하여 추출한 것으로 피부흡수에 좋으며 마사지 오일로 사용하나 알레르기를 유발할 수 있다.
- 동백유 : 동백의 종자에서 추출하며 항산화에 효과적이다. 주로 두발용 화장품에 사용한다.
- 피마자유 : 아주까리라고 하며 점도가 커서 립스틱이나 네일 에나멜에 주로 사용한다.
- 야자유 : 야자유 종자에서 추출하며, 피부 자극성이 적으며 비누나 샴푸에 들어가는 제품이다.
- 포도씨유 : 리놀레산이 함유되어 사용감이 부드러우며 유분감이 적다.

② 동물성 원료
- 난황유 : 계란의 노른자에서 추출하여 비타민 A, D, E 함유로 영양크림으로 사용한다.
- 밍크유 : 밍크의 피하지방에서 추출하여 피부의 친화력이 좋아 유아용 오일과 각종크림에 사용된다.

③ 광물성 원료
- 바셀린 : 석유에서 추출하여 표면에 막을 형성하고 수분증발을 방지하지만, 여드름이 생길 수 있다.
- 미네랄 오일 : 석유에서 추출하여 무색무취이고 기초 및 메이크업 화장품에 가장 많이 사용하는 것으로 피부수분증발을 억제하는 기능이 있다.

④ 합성 오일
- 실리콘 오일 : 끈적임이 전혀 없으며, 피부 유연작용이 있으며 쉽게 변질되지 않는 특징이 있다.

3) 왁스

① 식물성 왁스
- 호호바오일 : 인체의 피지 성분과 흡사하여 피부 남녀노소 다 사용가능하여 각종 화장품에 사용된다.

② 동물성 왁스
- 밀납 : 벌집에서 추출하여 화장품 전체적으로 사용하며 알레르기를 일으킬 수 있다.
- 라놀린 : 양털에서 추출하여 건성피부에 우수하지만, 알레르기를 일으킬 수 있다.

4) 계면활성제

친수성 성분과 친유성 성분을 동시에 가지는 물질로 물과 기름의 경계면의 성질을 바꾸어 주는 물질이다.

- 종류
  - 음이온 계면활성제 : 세정작용과 기포 형성 작용이 우수하여 비누, 샴푸, 클렌징폼 등에 사용된다.
  - 양이온 계면활성제 : 정전기 발생을 억제하므로 헤어린스, 헤어 트리트먼트 등에 사용된다.
  - 양쪽성 계면활성제 : 세정작용이 있으며 피부 자극이 적어 저자극 샴푸, 베이비 샴푸에 사용된다.
  - 비이온 계면활성제 : 피부자극이 적어 가용화제, 유화제, 세정제 용도로 사용된다.
  - 계면활성제의 피부작극 : 양이온성 > 음이온성 > 양쪽성 > 비이온성

5) 보습제

- 피부에 수분을 공급하여 피부건조를 방지한다.
- 조건
  - 점도가 적당하여 사용감이 좋아야 한다.
  - 피부에 안정해야 하며, 수분 흡수 능력이 우수해야 한다.
  - 다른 화장품과 혼용성이 좋아야 한다.
  - 휘발성이 없어야 한다.

6) 산화방지제
- 천연제 : 레시틴, 토코페롤
- 합성제 : BHA, BHT(살리실산)
- 보조제 : 인산, 구연산, 아스코르빈산, 말레산, EDTA

② 화장품의 기술

1) 유화

계면활성제에 의해 수성성분과 유성성분이 혼합된 기술이다.
- 종류
  - O/W : 물에 오일 입자 형태이다. 로션, 크림, 에센스 등에 이용된다.
  - W/O : 오일에 물의 입자 형태이다. 선크림, 선로션 등에 이용된다.

2) 가용화
- 물에 녹지 않는 오일성분을 계면활성제에 의해 투명하게 용해되는 상태이다.
- 화장수, 에센스, 헤어토닉, 헤어리퀴드, 향수 등이 있다.

3) 분산
- 물이나 오일 성분에 고체 입자가 균일하게 혼합된 상태이다.
- 마스카라, 파운데이션, 메이크업 베이스, 네일 에나멜 등이 있다.

③ 화장품의 특성

1) 방부제
- 안정성을 위하여 화장품의 부패를 막아주는 물질이다.
- 방부제가 많이 함유되면 피부트러블이 발생할 수 있다.
- 종류
  - 파라벤류 : 파라옥시안식향산메틸, 파라옥시안식향산프로필
  - 에탄올 : 농도가 15%가 이상이어야 미생물 오염을 방지할 수 있다.

2) 연화제
- 피부 표면을 매끄럽고 부드럽게 한다.

3) 습윤제
- 피부의 수분 보유량을 증가시키는 물질이다.
- 종류 : 글리세린, 프로필렌글리콜, 부틸렌글리콜, 폴리에틸렌글리콜, 솔비톨, 트레할로스, 아미노산, 요소, 젖산염, 피롤리돈 카르본산염, 히알루론산, 콘드로이친 황산염, 가수분해, 콜라겐

4) pH 조절제
- 화장품에서 사용 가능한 pH는 3~9이다.
- 항산화 성질을 지닌 저자극성 방부제(시트러스 계열), 알칼리화하기 위해 사용하는 암모늄 카보네이트가 있다.

Chapter 03 : 화장품의 종류와 기능

① 기초 화장품

기초 화장품의 목적은 피부 청결, 보습, 피부보호로 나눌 수 있다.

1) 세정용 화장품
피부에서 분비되는 피지와 땀의 오염된 물질과 메이크업 화장품으로 인한 더러움을 제거하기 위하여 사용한다.

① 씻어 내는 타입
- 비누 : 사용하기 쉽고 세정력이 뛰어나지만, 피부가 당기는 느낌이 들어 건성피부는 피하는 것이 좋다.
- 폼 클렌져 : 거품이 나며 사용감이 산뜻하다.
- 페이셜 스크럽 : 클렌징 로션에 알갱이가 포함되어 모공 속의 노폐물 제거에 효과적으로 지성피부에 좋다.

② 녹여 내는 타입
- 클렌징 크림 : W/O 타입으로 세정력이 강하며, 진한 메이크업이나 노화피부에 효과적이다.
- 클렌징 로션 : 클렌징 크림보다 유분함유량이 적어 모든 피부에 사용가능하나, 내츄럴화장에 효과적이다.
- 클렌징 워터 : 비이온화된 계면활성제로 알코올이 함유되어 있으며, 화장솜으로 닦아내는 가벼운 화장을 제거할 때 사용한다.
- 클렌징 젤 : 유성과 수성 타입이 있으며 유성은 짙은 화장을 지울 때, 수성은 옅은 화장을 지울 때 사용하며, 지성피부에 사용하면 효과적이다.
- 클렌징 오일 : 모든 피부에 적합하며 특히 민감피부에 효과적으로 땀이나 피지에 강한 화장도 깨끗하게 제거해 준다.

2) 화장수(토너)
① 유연화장수 : 보습제와 유연제가 함유되어 있으며, 피부의 pH 발란스를 맞추어 주어 각질층을 부드럽게 유지한다.
② 수렴화장수 : 알코올 배합이 있으며, 아스트린젠트라고 불리기도 한다.

3) 로션
- 화장수와 크림의 중간 성격을 띠며 유백색의 형태를 가지고 있다.
- 사용 목적에 따라 모이스쳐 로션, 클렌징로션, 선로션, 바디로션, 핸드로션 등이 있다.

4) 크림
- 유화상태로 피부를 보습해주며, 유연하게 만들어 준다.
- 사용목적에 따라 영양크림, 마사지크림, 클렌징크림, 아이크림, 화이트닝크림, 선크림, 셀프태닝크림 등이 있다.

5) 에센스
- 컨센트레이트, 세럼이라고도 한다.
- 미용성분을 농축한 것으로 미백효과, 주름방지, 소염효과, 노화방지 효과가 있다.

6) 팩
- 피부표면에 도포하여 수분증발을 방지하여 보습효과와 노폐물 제거 기능이 있다.
- 종류
  - 필 오프 타입 : 도포 후 건조되면 떼어 내는 타입으로 노화된 각질이 용이하게 제거되며 젤리형, 분말형이 있다.
  - 워시오프 타입 : 머드, 젤, 크림 형태가 있으며, 도포 후 20분 후 물로 씻어 내는 타입으로 피부의 보습과 청결효과가 있다.
  - 티슈 오프 타입 : 주로 크림 형태로 도포 후 20분 정도 지나 티슈로 닦아 내는 타입으로 민감피부에 효과적이다.
  - 패치 타입 : 패치 형태로 도포 후 시간이 지나면 떼어내는 타입으로, 블랙헤드제거에 효과적이다.
  - 고화 후 박리 타입 : 분말을 개어서 사용하는 것으로 주로 모델링과 석고가 있다.

② 메이크업 화장품

1) 베이스 메이크업 화장품
- 피부색을 균일하게 정돈하기 위함이거나, 피부결점을 커버하기 위한 목적으로 사용한다.
- 종류
  - 메이크업 베이스 : 피부색을 고르게 표현해 주는 효과가 있다.
  - 파운데이션 : 피부색을 동일하게 조정해 주며, 피부결점을 커버해 준다.
  - 파우더 : 피지나 땀을 억제하고, 화장의 지속력을 좋게 한다.

2) 포인트 메이크업 화장품
- 눈, 입술, 볼 등에 부분적으로 사용하며 입체감을 주어 매력적이고 아름답게 보이기 위한 목적으로 사용한다.
- 종류
  - 립스틱 : 입술의 건조를 막아주고, 입술에 색을 주어 매력적으로 보이게 한다.
  - 블러셔 : 얼굴의 입체감을 주어 건강하게 보이게 한다.
  - 아이라이너 : 눈의 윤곽을 강조하여 눈 모양을 크게 보이게 하는 목적이 있다.
  - 마스카라 : 속눈썹을 컬을 만들어 볼륨감을 주어 눈매를 뚜렷하게 하여 매력적으로 보이게 한다.
  - 아이새도우 : 눈꺼풀에 명암을 주어 눈을 더욱 매력적으로 보이게 한다.
  - 아이브로우 펜슬 : 눈썹을 조정해 준다.
  - 네일 에나멜 : 손톱에 색을 주어 깨끗하고 매력적으로 보이게 한다.

③ 모발 화장품

1) **세정용 화장품**
   샴푸, 린스

2) **정발제**
   헤어오일, 포마드, 헤어크림, 헤어로션, 세트로션, 헤어 무스, 헤어 스프레이, 헤어 젤, 헤어 리퀴드

3) **헤어 트리트먼트**
   헤어 트리트먼트크림, 헤어 팩, 헤어 브로우, 헤어 코트

4) **양모제, 육모제, 발모제**
   헤어 토닉

5) **펌제**
   퍼머넌트 웨이브 로션, 헤어 스트레이트

6) **제모제**
   콜드 왁스, 웜 왁스

④ 바디관리 화장품

1) **개요**
   얼굴과 모발 및 두피를 제외한 부분이 전신이며, 그에 따른 제품도 다양하다.

2) **종류**
   ① 세정 : 비누, 바디샴푸, 스크럽 세정품, 바스 오일, 바스솔트
   ② 트리트먼트 : 로션, 에멀젼, 크림
   ③ 향 : 바디파우더, 샤워코롱
   ④ 자외선 방어 : 선스크린, 선오일 애프터 로션
   ⑤ 벌레 방지 : 곤충 방지, 모기 방지
   ⑥ 손 트리트먼트 : 로션, 크림
   ⑦ 탈색, 제모 : 제모크림, 제모 무스, 왁스
   ⑧ 부종방지 : 레그 프레시너 크림
   ⑨ 방취 : 데오드란트 로션, 스프레이, 파우더, 스틱
   ⑩ 미용 : 마사지크림, 지방분해 크림, 바스트 크림

⑤ 네일 화장품

손·발톱을 건강하고 아름답게 유지하기 위한 화장품이다.

1) 종류

① 살균비누 : 손의 세척이나 손을 따뜻한 물이 담긴 핑거볼에 불릴 때 조금 부어 사용하는 제품이다.
② 안티셉틱 : 시술 전에 시술자와 고객의 손을 소독할 때 사용한다.
③ 큐티클 오일 및 크림 : 손톱뿌리 둘레의 굳은살을 부드럽게 만들어 제거를 용이하게 하는 제품이다.
④ 네일 에나멜 리무버 : 네일 에나멜의 피막을 용해하여 제거하는 목적으로 사용한다.
⑤ 네일 에나멜 : 손발톱에 광택과 색채를 주어 아름답게 할 목적으로 사용하는 제품이다.
⑥ 베이스 코트 : 네일 에나멜을 바르기 전에 바르는 것으로 네일 에나멜이 착색되거나 변색되는 것을 방지하여 에나멜의 밀착성을 증가시키기 위한 제품이다.
⑦ 탑 코트 : 네일 에나멜을 바른 후 덧발라 주어 네일 에나멜의 광택과 내구성을 증가시키는 제품이다.
⑧ 네일 표백제 : 손톱 표면이나 끝부분의 착색된 얼룩을 제거할 때 사용한다.
⑨ 네일 강화제 : 약한 손톱과 부드러운 손톱을 튼튼하게 만들어 주기 위한 제품이다.
⑩ 네일 화이트너 : 손톱의 프리에지 부분을 더욱 희게 보이도록 해 주는 제품이다.
⑪ 핸드 크림 : 파라핀 오일, 라놀린 등의 동물성 오일과 손톱강화 물질을 첨가하여 손과 손톱의 수분과 유분을 보충해 주는 영양크림이다.
⑫ 지혈제 : 큐티클 제거 시에 실수로 출혈이 발생할 경우, 출혈 부위에 지혈제를 떨어뜨려서 출혈을 단시간에 멈추게 하며 소독 효과가 있는 제품이다.

⑥ 향수

1) 구비 조건
- 향의 특징과 지속성이 적절해야 한다.
- 시대성에 부합되는 향이어야 한다.
- 향이 확산성이 있어야 하며 조화가 이루어져야 한다.

2) 향의 분류

종류	부향률	지속시간	특징
퍼퓸	15~30%	6~7시간	파티나 외출 시에 사용하기에 좋다.
오데 퍼퓸	9~12%	5~6시간	퍼퓸에 가까운 풍부함은 있으나 부향률이 낮다.
오데 토일렛	6~8%	3~5시간	상쾌하며 풍부한 향을 갖는다.
오데 코롱	3~5%	1~2시간	과일향으로 향을 처음 사용하는 분에게 좋다.
샤워 코롱	1~3%	1시간	부담 없이 사용하기 좋으며, 가볍다.

3) 단계별 구분

① 탑 노트 : 향의 첫 느낌으로 레몬, 베르가못, 오렌지 등 시트러스 계열이다.
② 미들 노트 : 시간이 지난 후 나타나는 향이며, 플로랄, 스파이시, 그린, 오리엔탈 계열이다.
③ 베이스 노트 : 향의 마지막 단계이며, 시간이 지나면 체취와 섞여서 나는 향으로, 우디, 엠버, 무스크 계열이다.

⑦ 에센셜(아로마) 오일 및 캐리어 오일

식물에서 추출한 아로마 오일을 피부에 흡수시키거나 또는 흡수시켜 호르몬 분비를 조절하여 건강에 도움이 되는 향기요법이다.

1) 추출법

① 수증기 추출법 : 잎, 꽃, 가지, 뿌리 등에 함유되어 있는 정유를 채취할 때 사용하며 에센스 오일은 대부분 이 방법이다.
② 압착법 : 식물의 감귤류의 껍질을 압착하여 얻는 방법으로 향기성분이 파괴가 되지 않도록 냉동한 후에 압착하는 것이 냉동압착법이다.
③ 용매 추출법 : 휘발성이나 비휘발성을 용매로 사용하여 낮은 온도에서 향을 얻는 것으로 꽃향을 추출하는 방법이다.
④ 냉침법 : 동물성지방에 꽃잎을 섞어서 향이 기름에 녹아 나오게 하는 방법이다.

2) 아로마 오일의 흡수경로

① 피부를 통한 흡수 : 표피 → 진피 → 림프계 → 혈액 → 온몸
② 호흡을 통한 흡수 : 코 → 부비강 → 인두 → 후두 → 기관지 → 폐포 → 혈관 → 온몸

3) 아로마 오일의 효능

피부미용, 정서안정, 화상치료, 호흡기 장애 개선, 수면장애 개선, 내분비계 개선

4) 아로마 오일의 사용법

목욕법, 흡입법, 마사지법, 확산법, 습포법

5) 아로마 오일 사용 시 유의사항

① 피부에 직접 도포 할 수 있는 라벤더와 티트리 외에는 캐리어 오일과 블랜딩 하여 사용한다.
② 임산부, 간질, 고혈압 등 질환이 있는 사람에게는 주의하여 사용한다.
③ 일광 알레르기가 일어날 수 있으므로 패치테스트를 실시한다.

6) 에센셜 오일의 종류

① 베르가못 : 과일의 껍질을 냉동 압착하여 얻으며, 달콤한 과일향으로 근육이완, 모공수축, 피지제거 효능이 있다.
② 시더우드 : 잎이나 가지를 수증기증류하여 얻으며, 발삼 향취로 림프 배출, 셀룰라이트 분해, 살균과 수렴효능이 있다.

③ 카모마일 : 꽃을 수증기 증류하여 얻으며, 달콤한 사과향취로 소염, 수렴, 살균, 소독작용으로 모세혈관이 파괴된 피부와 건조하고 가려움이 있는 피부를 정상화하는 효능이 있다.

④ 클라리세이지 : 꽃봉오리와 잎을 수증기 증류하여 얻으며, 재생작용과 심신안정, 성욕 강화작용이 있다. 임신 후 5개월 이내 사용금지이다.

⑤ 사이프러스 : 잎을 수증기 증류하여 얻으며, 달콤한 발삼향으로 수렴작용, 여드름, 비듬에 효능 뿐 아니라 셀룰라이트 분해작용으로 비만관리에 탁월하다.

⑥ 유칼립투스 : 잎을 수증기 증류하여 얻으며 소염, 살균, 방부, 소취 효능과 적혈구의 산소운반을 도와 피부호흡을 증가시키며 근육통 치유 효과가 있다.

⑦ 펜넬 : 열매를 수증기 증류하여 얻으며 주름살을 완화하고 셀룰라이트 분해효능이 있으나 임산부는 사용금지이다.

⑧ 프랑킨신스 : 유향나무의 줄기에서 뽑아낸 우유빛 점액질을 건조시켜 만든 것을 유향이라 하며 이것을 수증기 증류하여 얻으며, 소염, 수렴, 진통작용으로 마음을 조용히 가라앉혀 주는 효능이 있다.

⑨ 제라늄 : 잎을 수증기 증류하여 얻으며 피부염 치유효과, 수렴, 진통, 정화작용, 상처로 인한 지혈효능이 있다.

⑩ 그레이프 프루트 : 열매 껍질을 냉동 압착하여 얻으며, 가벼운 과일향으로 살균, 소독, 셀룰라이트 분해효능이 있으나 일광알레르기성이 있다.

⑪ 쟈스민 : 꽃을 수증기 증류 또는 용매 추출하여 얻으며, 호르몬의 밸런스를 조절하고 산모의 모유분비를 촉진, 긴장완화, 성욕강화, 모든 피부에 효과적이나 임산부는 사용금지이다.

⑫ 주니퍼 : 열매를 수증기 증류하여 얻으며, 해독작용과 체내독소배출, 지방분해작용, 여드름, 피부염, 비만 치유 효과와 각질제거에 사용한다. 단 임신 후 5개월 이내 사용금지이다.

⑬ 라벤더 : 꽃을 수증기 증류하여 얻으며, 소염, 항박테리아, 일광화상, 상처치유에 효과적이며 진정효과로 인해 불면증, 정신적 스트레스, 긴장완화에 효능이 있다.

⑭ 레몬 : 껍질을 냉동 압착 또는 수증기 증류하여 얻으며, 항박테리아성, 부스럼 치유, 티눈, 사마귀 제거에 효과적이며 살균과 미백, 기미, 주근깨에 효과적이나 일광 알레르기성이 있다.

⑮ 마죠람 : 잎과 꽃핀 선단부를 수증기 증류하여 얻으며, 타박상, 고혈압 치유에 효과적이다.

⑯ 멜리사 : 잎을 수증기 증류하여 얻으며, 항염, 진정작용에 효능이 있으나 임산부는 사용금지이다.

⑰ 미르 : 감람나무의 줄기에서 나오는 수액을 건조시켜 굳힌 것을 몰약이라고 하며 이를 수증기 증류하여 얻으며, 방부, 항염, 항균, 주름을 지연시키며, 거치고 갈라진피부 및 살이 튼 피부를 보호해 준다.

⑱ 로즈 : 꽃을 수증기 증류하여 얻으며, 우울한 감정을 조절하며, 숙취해소, 피부재생, 강한소염, 가려움증을 치유, 성욕강화, 배뇨 촉진효능이 있다.

⑲ 오렌지 : 열매 껍질을 냉동 압착하여 얻으며, 콜라겐 생성을 촉진하며 노폐물배출, 비만치유에 효능이 있으나 일광 알레르기성이 있다.

⑳ 페퍼민트 : 잎을 수증기 증류하여 얻으며, 피로회복, 졸음방지, 항염, 항박테리아, 여드름에 효능이 있으나 산모의 모유분비를 억제하여 산후는 사용금지이다.
㉑ 로즈마리 : 꽃과 잎을 수증기 증류하여 얻으며, 기억력을 증진, 혈행촉진, 진통, 성욕강화, 배뇨 촉진효능이 있으나, 간질, 고혈압 환자, 임산부는 사용금지이다.
㉒ 샌달우드 : 적목질을 수증기 증류해서 얻으며, 각질이 일어나는 피부를 진정, 성욕강화, 소염, 살균, 방부, 진정, 수렴효능이 있다.
㉓ 티트리 : 잎을 수증기 증류하여 얻으며, 살균, 여드름 치유, 비듬 치유, 진통효능이 있다.
㉔ 타임 : 백리향의 잎과 꽃봉우리를 잘라 수증기 증류하여 얻으며, 소독, 살균작용, 항염증, 배뇨촉진, 성욕강화에 효능이 있으나 임산부와 2세 이하 영아에게는 사용금지이다.
㉕ 일랑일랑 : 꽃을 수증기 증류하여 얻으며, 기분을 좋게 만들며, 분노, 불안 상태를 완화하며 피지조절과 수분밸런스를 조절해 주는 효능이 있다.

7) 캐리어 오일의 종류
① 맥아오일 : 밀의 씨눈에서 추출되며 습진, 건선, 노화억제에 효능이 있다. '휫점 오일'이라고도 한다.
② 아몬드 오일 : 종자에서 추출하며 가려움증, 건성피부에 효과적이다.
③ 살구씨유 : 살구씨에서 추출되며 조기 노화피부 및 민감성 피부에 적합하며 '행인유', '아프리코트커널오일'이라고도 한다.
④ 아보카도 오일 : 열매에서 추출하며, 건성, 습진피부에 효능이 있다.
⑤ 호호바 오일 : 왁스구조이므로 냉장 보관 시 고체로 변하기 쉬우며, 독소배출, 노폐물배출, 림프배출 등의 효능이 있다.
⑥ 달맞이 유 : 열매에서 추출하며 불포화지방산(리놀산 70%, 감마-리놀렌산 10%)의 트리글리세리드를 함유하고 있어 아토피성 피부염 증상완화에 효능이 있다.

⑧ 기능성 화장품

1) 개요
- 세정과 미용 목적 외에 특수한 기능이 부가된 화장품이다.
- 여드름, 아토피 화장품은 기능성이지만, 기능성 화장품법에 포함되지 않는다.

2) 종류
- 피부의 주름 개선에 도움을 주는 제품
- 피부의 미백에 도움을 주는 제품
- 피부를 곱게 태우거나 자외선으로부터 피부를 보호하는데 도움을 주는 제품

3) 표시 및 기재사항
- 제조자의 명칭
- 내용물의 용량 및 중량
- 제조번호

화장품학

01 화장품을 만들 때 필요한 4대 조건은?
① 안정성, 안전성, 발림성, 사용성
② 안전성, 안정성, 사용성, 유효성
③ 발림성, 안정성, 방부성, 사용성
④ 방향성, 안전성, 발림성, 사용성

02 SPF에 대한 설명으로 틀린 것은?
① UV-B 방어효과를 나타내는 지수라고 볼 수 있다.
② Sun Protection Factor의 약자로써 자외선 차단지수라고 불린다.
③ 오존층으로부터 자외선이 차단되는 정도를 알아보기 위한 목적으로 이용된다.
④ 자외선 차단제를 바른 피부가 최소의 홍반을 일어나게 하는데 필요한 자외선 양을, 바르지 않은 피부가 최소의 홍반을 일어나게 하는데 필요한 자외선 양으로 나눈 값이다.

> **해설**
> 오존층으로부터 자외선이 차단되는 것은 UV-C이다.

03 계면활성제의 대한 설명으로 옳은 것은?
① 양이온성 계면활성제는 세정작용이 우수하여 비누, 샴푸 등에 사용된다.
② 계면활성제는 일반적으로 둥근 머리모양의 소수성기와 막대꼬리모양의 친수성기를 가진다.
③ 계면활성제의 피부에 대한 자극은 양쪽성 〉 양이온성 〉 음이온성 〉 비이온성의 순으로 감소한다.
④ 비이온성 계면활성제는 피부자극이 적어 화장수의 가용화제, 크림의 유화제, 클렌징 크림의 세정제 등이 사용된다.

> **해설**
> 계면활성제의 자극도는 양이온성 〉 음이온성 〉 양쪽성 〉 비이온성이다. 양이온성 계면활성제는 피부자극이 적어 저자극성 샴푸 등에 사용한다.

04 땀의 분비로 인한 냄새와 세균의 증식을 억제하기 위해 주로 겨드랑이 부위에 사용하는 것은?
① 핸드 로션
② 파우더
③ 보디 로션
④ 데오드란트 로션

> **해설**
> • 핸드 로션 : 손에 수분을 보충하기 위해 바르는 로션
> • 보디 로션 : 보디에 수분을 보충하기 위해 바르는 로션
> • 파우더 : 땀띠나 짓무름의 예방을 위해 아기에게 사용

정답 01 ① 02 ① 03 ① 04 ②

05 아로마테라피에 사용되는 아로마 오일에 대한 설명 중 가장 거리가 먼 것은?

① 브랜딩한 오일은 6개월 정도 사용할 수 있다.
② 아로마 오일은 원액을 그대로 피부에 사용해야 한다.
③ 아로마 오일은 공기 중의 산소, 빛 등에 의해 변질 될 수 있으므로 갈색병에 보관하여 사용하는 것이 좋다.
④ 아로마 오일을 사용할 때에는 안전성 확보를 위하여 사전에 패치테스트를 실시하여야 한다.

> 해설
> 아로마오일 중 에센스 오일은 캐리어오일에 브랜딩하여 사용하여야 한다. 단, 라벤더와 티트리는 피부에 직접 도포해도 된다.

06 기능성 화장품에 대한 설명으로 옳은 것은?

① 피부표면의 건조를 방지해주고 피부를 매끄럽게 한다.
② 피부 표면에 더러움이나 노폐물을 제거하여 피부를 청결하게 해준다.
③ 비누세안에 의해 손상된 피부의 pH를 정상적인 상태로 빨리 되돌아오게 한다.
④ 자외선에 노출되었을 때 멜라닌의 생성량이 증가하여 색소가 발생하는데 이러한 작용을 사전에 방지하여 준다.

> 해설
> • 세안용 화장품 : 피부의 더러움과 노폐물을 제거하여 피부를 청결하게 도와준다.
> • 화장수 : 피부의 수분을 공급하며 pH를 정상으로 되돌려 준다.
> • 로션 또는 크림 : 피부표면의 건조를 방지해주고 피부를 매끄럽게 한다.

07 바디샴푸에 요구되는 기능과 가장 거리가 먼 것은?

① 기호성 있는 향을 부여
② 강력한 세정성 부여
③ 높은 기포 지속성 유지
④ 부드럽고 치밀한 기포 부여

> 해설
> 강력한 세정력이 강한 바디샴푸는 피부가 건조해진다.

08 각질제거용 화장품에 주로 쓰이는 것으로 죽은 각질을 빨리 떨어져 나가게 하고 건강한 세포가 피부를 구성할 수 있도록 도와주는 성분은?

① 리포좀
② 알파-토코페롤
③ 라이코펜
④ 알파-하이드록시산

> 해설
> 알파-하이드록시산(AHA)
> • 알파-토코페롤 : 세포재생
> • 라이코펜 : 항산화작용
> • 리포좀 : 세포재생

09 여드름 피부용 화장품에 사용되는 성분과 가장 거리가 먼 것은?

① 살리실산   ② 알부틴
③ 아쥴렌   ④ 글리콜릭산

> 해설
> 알부틴은 미백효과가 있다.
> • 살리실산 : 피지제거 효과가 있다.
> • 글리콜릭산 : 사탕수수에 함유되어 각질제거효과가 있다.
> • 아쥴렌 : 피부 진정효과가 있다.

정답 05 ② 06 ④ 07 ② 08 ② 09 ③

10 향수의 구비 요건이 아닌 것은?
① 향에 특징이 있어야 한다.
② 향이 강하므로 지속성이 약해야 한다.
③ 시대성에 부합되는 향이어야 한다.
④ 향의 조화가 잘 이루어져야 한다.

> **해설**
> 향이 적당히 강하고 지속성이 좋아야 한다.

11 화장품과 의약품의 차이를 바르게 정의한 것은?
① 화장품의 사용기간이 한정적이다.
② 화장품은 위생과 미화목적으로 사용한다.
③ 의약품의 사용기간이 지속적이어야 한다.
④ 의약품의 부작용은 어느 정도까지는 인정된다.

> **해설**
> 화장품은 청결과 미화의 목적이다. 전신에 사용한다. 의약품은 환자에게만 사용대상이다.

12 화장품의 사용목적과 가장 거리가 먼 것은?
① 인체를 청결, 미화하기 위하여 사용한다.
② 인체를 아름답게 하고 매력을 증가시키기 위하여 사용한다.
③ 피부, 모발의 건강을 유지하기 위하여 사용한다.
④ 인체에 대한 약리적인 효과를 주기 위해 사용한다.

> **해설**
> 인체에 대한 약리적인 효과는 의약품이다.

13 자외선 차단을 도와주는 화장품 성분이 아닌 것은?
① 콜라겐(collagen)
② 옥틸디메틸파바(octyldimethyl PABA)
③ 파라아미노안식향산(para-amino benzoic acid)
④ 티타늄디옥사이드(titanium dioxide)

> **해설**
> 콜라겐은 노화화장품 성분으로 많이 사용한다.

14 보습제가 갖추어야 할 조건이 아닌 것은?
① 응고점이 낮을 것
② 휘발성이 있을 것
③ 적절한 보습능력이 있을 것
④ 다른 성분과 혼용성이 좋을 것

15 다음 중 향료의 함유량이 가작 적은 것은?
① 퍼퓸(Perfume)
② 오데 토일렛(Eau de Toilet)
③ 샤워 코롱(Shower Cologne)
④ 오데 코롱(Eau de Cologen)

> **해설**
> 향료의 함유량 : 샤워 코롱 〈 오데 코롱 〈 오데 토일렛 〈 퍼퓸

정답 10 ② 11 ④ 12 ① 13 ② 14 ② 15 ④

05 공중위생관리학

Chapter 01 : 공중 보건학

① 공중보건학 총론

1) 공중보건의 정의

윈슬로우는 조직적인 지역사회의 노력을 통하여 질병을 예방하고 수명을 연장하며 신체적, 정신적 효율을 증진시키는 것을 목적으로 한다.

2) 공중보건의 범위
   ① 환경오염관리 : 환경위생, 식품위생, 환경오염, 산업보건
   ② 질병관리 : 전염병 관리, 비전염병 관리, 역학, 기생충관리
   ③ 보건교육 : 보건행정, 보건영양, 모자보건, 정신보건, 학교보건, 보건통계, 가족계획, 의료보장제도 등

② 질병관리

1) 질병의 발생 원인

병인과 숙주, 환경에 의해 발생한다.

2) 전염병 발생설
   ① 종교설 시대 : 죄에 대한 신의 벌로 생각한다.
   ② 점성설 시대 : 별자리 즉 자연의 현상에 따라 질병과 전쟁이 발생한다고 생각한다.
   ③ 장기설 시대 : 계절, 기온, 공기의 오염으로 인해 발생한다고 생각한다.
   ④ 접촉전염설 시대 : 성병이 유행할 시 사람이 접촉으로 인해 전염된다고 생각한다.
   ⑤ 미생물 범인 론 시대 : 현미경 발견으로 미생물이 질병 발생한다고 생각한다.

3) 전염병 발생의 3대 요인
   ① 전염원 : 병원체나 환자, 보균자, 토양 등이 직접 질병을 가져오는 원인
   ② 전염경로 : 전파수단이 되는 공기전파, 매개동물에 의한 전파
   ③ 숙주 : 병원체가 새로운 매개체로 운반되는 단계로 숙주가 면역성이 높으면 전염성이 되지 않는다.

4) 전염병 생성 단계

병원체 → 병원소 → 병원소로부터 병원체의 탈출 → 병원체의 전파 → 새로운 숙주로의 침임 → 숙주의 감수성 및 면역성

5) 법정 전염병

제1군 전염병	전염속도가 빠르고, 국민건강에 미치는 위해 정도가 너무 커서 발생 또는 유해 즉시 방역대책을 수립하는 전염병으로 콜레라, 페스트, 장티푸스, 파라티푸스, 세균성이질, 장출혈성대장균증(O157)이 있다.
제2군 전염병	예방 접종을 통하여 예방 또는 관리가 가능하여 국가예방접종사업의 대상이 되는 전염병으로 디프테리아, 백일해, 파상풍, 홍역, 유해성이하선염, 풍진, 폴리오, B형간염, 일본뇌염, 수두 등 10종이 있다.
제3군 전염병	간헐적으로 유행할 가능성이 있어 지속적으로 그 발생을 감시하고 방역대책의 수립이 필요한 전염병으로 말라리아, 결핵, 한센병, 성병, 성홍열, 수막구균성수막염, 레지오넬라증, 비브리오패혈증, 발진티푸스, 발진열, 쯔쯔가무시증, 렙토스피라증, 브루셀라증, 탄저, 공수병, 유행성출혈열, 인플루엔자, 후천성면역결핍증으로 18종이 있다.
제4군 전염병	국내에서 새롭게 발생한 신종전염병증후군으로 보건복지가족부령으로 지정하는 전염병으로 황열, 뎅기열, 마버그열, 에볼라열, 라싸열, 리슈마니아증, 바베시아증, 아프리카수면병, 크립토스포리디움증, 주혈흡충증, 요우, 핀타, 두창, 보툴리눔독소증, 중증급성호흡기증후군, 조류인플루엔자 인체감염증, 야토병, 큐열, 신종전염병증후군등 19종이 있다.
인수공통전염병	동물 사이에 동일한 병원체에 의해 발생하는 질병이나 감염 상태 • 소 : 결핵 • 개 : 광견병 • 쥐 : 페스트, 발진열, 와일씨병, 양충병, 서교증 • 양, 소, 말, 돼지 : 탄저 • 고양이, 돼지, 쥐 : 살모넬라 • 돼지 : 돈단독, 선모충, 일본뇌염, 유구조충 • 산토끼 : 야토병 • 원숭이 : 황열
비전염성 질환	고혈압, 뇌졸중, 허혈성 심장질환, 당뇨병, 암 등

③ 가족 및 노인 보건

1) 가족 보건
   ① 가족계획의 의의 : 부모의 경제적 능력을 고려하여 장래의 육아환경을 위해 출산의 시기 및 간격을 조절하고 불임증 환자의 진단 및 치료하는 것이 WHO의 정의이다.
   ② 가족계획의 필요성 : 여성의 인권존중으로 모자의 건강의 장애 요인의 없애고, 적은 자녀로 경제생활 향상으로 노후생활을 편안히 유지하도록 위함이다.

2) 노인 보건
   신체의 구조와 기능이 저하되어 신체내의 평형을 잃어 내외부환경적으로 적용을 어려운 것을 노화라고 한다.

① 노령화의 3대 문제 : 경제 능력 부족, 질병, 소외
② 노화현상 : 연령이 증가함에 따라 질병이나 사고가 아닌 생리적인 변화의 영향으로 신체의 변화이다.
③ 노화의 원인 : 새세포의 증식 분열 감소, 유해환경으로 인한 노화촉진, 유전자 손상, 활성산소에 의한 세포손상이다.
④ 노인성 질환 : 골다공증, 치매, 우울증, 당뇨, 요실금, 치아질환, 호흡기 및 순환기 질환, 암
⑤ 노인건강관리 : 정기적으로 건강진단, 식사 조절, 적당한 운동과 스트레스를 적게 받는다.

 환경보건

1) 환경위생의 정의
환경보건법은 환경오염과 유해화학물질 등이 사람의 건강과 생태계에 미치는 영향을 조사, 평가하고 이를 예방 및 관리하는 것이다.

2) 환경의 분류
① 자연적 환경 : 공기, 토지, 태양광선, 물, 소리의 물리화학적 환경과, 병원성 미생물, 생물의 생물학적 환경이 있다.
② 사회적 환경 : 의복, 식생활, 주거위생의 인위적 환경과 정치, 경제, 종교, 교육, 문화예술의 사회적 환경으로 분류된다.
③ 공기 : 지구를 둘러싼 대기를 구성하는 여러 기체의 혼합물로 질소와 산소가 전체의 99%로 그 외에 아르곤과 이산화탄소와 네온, 수소, 오존 등이 미량 포함되어 있다.

산소	• 생명을 유지하기 위한 가장 중요한 호흡이나 물질의 산화, 연소 등에 중요한 기체이다. • 적혈구 속의 헤모글로빈과 결합하여 각 조직으로 전달되어 에너지를 만들어 신진대사를 높여 준다. • 공기 중의 산소량이 10% 부족하면 저산소증으로 호흡이 곤란하며, 7% 이하이면 질식한다. • 산소의 고농도 상태는 산소중독증이 발생한다.
질소	• 공기 중에 가장 많이 함유되어 있다. • 정상기압에서는 인체에 피해가 없지만, 고기압이나 기압강하 시에는 잠수병이나 강압병을 만들어, 중추신경계가 마취작용으로 인해, 지방조직에 발생되는 질소가스가 원인으로 모세혈관에 혈전현상을 일으킨다.
이산화탄소	• 무색, 무취의 비독성 가스이다. • 실내공기 오염도의 지표이다. • 7% 이상이면 호흡곤란 유발하여 군집증을 일으키며, 10% 이상이면 질식하게 된다. ※ 군집증 : 많은 사람이 밀폐된 공간에 집합되어 있을 때 실내 공기가 이산화탄소와 일산화탄소가 증가하여 불쾌감, 권태감, 현기증, 구토 등이 일어나는 현상이다.
일산화탄소	• 무색, 무취, 무미하며, 공기보다 가볍고, 맹독성이 있다. • 일산화탄소는 헤모글로빈과 친화력이 산소에 비해 250~300배 높아 조직 내 산소결핍증을 만든다.

④ 기후

기온	• 실내온도는 18℃(±2)℃이다. • 기온, 가습, 기류, 복사열이 온열 조건이다. • 체온 36.5℃가 가장 적당하다.
습도	• 실내의 쾌감 습도는 40~70%이다. • 습도가 높으면 불쾌감과 피부질환이 발생한다. • 습도가 낮으면 건조해져 화재발생이 쉬우며, 호흡계 질병이 발생한다.

⑤ 일광
- 적외선 : 과량 조사 시 두통, 현기증, 백내장, 일사병의 원인이 되기도 한다.
- 가시광선 : 명암과 색채를 구별하는 작용이다.
- 자외선 : 살균효과, 비타민 D 형성, 강장효과가 있다.

6) 주택

① 주택의 위생적 조건
- 한적한 곳, 교통이 편리한 곳, 공해 발생 등이 없는 곳이어야 한다.
- 정남향보다 동남향이나 동서향이 좋다.
- 지반은 하수처리가 원활하고 침투성이 있어야 한다.

② 채광과 조명
- 자연조명으로 눈의 피로도가 적으며 비타민D형성으로 피부의 살균과 구루병 예방을 할 수 있다.
- 옥내의 직접 조명, 옥내반사, 옥외반사 등이 종합적으로 이루어져야 한다.

③ 난방과 냉방
- 의복으로 조절 가능한 온도는 10~26℃이다.
- 실내온도는 18±2℃가 가장 쾌적하다.
- 실내와 실외가 10℃이상 차이가 나지 않도록 한다.
- 중앙난방과 국소난방법이 있다.

⑤ 식품위생과 영양

1) 식품위생의 정의

WHO에 의하면 식품의 생산에서 최종적으로 사람이 섭취될 때까지의 모든 단계에 있는 모든 수단을 의미한다.

① 식중독

세균 및 유해물질이 첨가 또는 오염된 식품섭취로 인한 질병들에 대한 총칭으로 급성 위장염을 증상의 건강장애이다.

세균성 식중독	• 살모넬라 : 쥐, 파리, 바퀴 등에 의해 오염되어 고열, 설사, 구토를 동반하지만, 60℃에서 30분이면 사멸된다. • 장염비브리오균 : 세균성 식중독으로 7~9월 어패류에서 많이 발생하며, 냉장보관으로 예방된다. • 병원성대장균 : 어린아이에게 많이 발생하며 동물의 배설물이 주 오염원이므로 분변 오염에 주의한다.
독소형 식중독	• 포도상구균 식중독 : 전형적인 독소형 식중독으로 식품의 냉장이 필요하며 위생적인 환경이 중요하다. • 보툴리누스균 식중독 : 신경독에 의해 일어나는 식중독으로 복통, 구토, 언어장애, 호흡곤란 등을 야기하며 치명률이 가장 높다. • 웰치균 식중독 : 설사, 복통, 탈수현상 등을 동반으로 보통 1~2일 후면 회복한다.
식물성 식중독	• 독버섯 중독 : 무스카린, 팔린, 무스카린, 필지오린으로 위장형 중독, 콜레라형 중독, 신경계 장애형 중독, 혈액형 중독 등이 있다. • 감자 중독 : 솔라닌으로 독성물질로 감염되며 감자의 싹트는 부분이나 녹색부분이 많이 함유되어 있으며, 구토, 서사, 발열, 언어장애가 온다. • 곰팡이 식중독 : 밀, 보리, 호밀 등에 맥각균이 기생하여 중독되는 것으로 푸른 곰팡이가 기생하여 중독된다.
동물성 식중독	• 복어중독 : 테트로도톡신의 독성물질로 강산이나 강알칼리에서 쉽게 분해되며, 근육마비, 호흡곤란, 의식불명 등의 증상이 온다. • 조개류 중독 : 삭시톡신과 베네루핀의 독성물질이 있다.

2) 보건 영양
   ① 3대 영양소 : 탄수화물, 단백질, 지방
   ② 5대 영양소 : 탄수화물, 단백질, 지방, 무기질, 비타민

 보건행정

1) 보건행정의 정의
   정부 및 공공단체에 의하여 국가나 지역주민의 보건을 위해 정책을 결정하고 이행하기 위한 활동이다.

2) 보건행정 조직체계
   ① 중앙보건행정조직

조직	역할
보건복지부	국민 보건과 복지 정책의 수립 및 관장으로 그 외 환경부가 있다.
식품의약품안전처	식품의약품 등의 안전관리를 위해 설립한 행정기관이다.
질병관리본부	국가 전염병 연구 및 관리, 생명과학 연구, 교육훈련 기능을 수행한다.
국립검염소	전염병의 국내침입 및 국외전파 방지에 관한 사무를 담당한다.
국립의료원	환자진료와 함께 의료 수준과 의료기술 수준향상을 조사연구, 의료원의 훈련 등의 사무를 담당한다.

② 지방보건행정조직
- 시·도 보건 행정조직 : 의료위생복지 등의 업무를 취급한다.
- 시·도·구 보건 행정조직 : 보건소를 통해 이루어진다.

③ 사회보장
- 사회보험 : 소득보장과 의료보장
- 공적부조 : 기초생활보장, 의료급여
- 공공서비스 : 사회복지서비스와 보건의료서비스

⑦ 산업보건

1) 산업보건의 의의
국제노동기구와 세계보건기구 공동위원회에서 모든 직업에서 일하는 근로자들의 육체적, 정신적 그리고 사회적 건강을 고도로 유지 증진 시키며, 작업조건으로 인한 질병을 예방하고, 건강에 유해한 취업을 방지하며, 근로자를 생리적으로나 심리적으로 적합한 작업환경에 배치하여 일 하도록 하는 것이다.

2) 직업병의 정의
직업에 의해 발생하는 질병으로 직업적 노출과 특정 질병간의 명확하거나 강한 인과 관계가 있어야 하며 일반적으로 원인 요인에 의해서 발병된다.

3) 직업병의 종류
① 이상온도에 의해 열경련, 열쇠약증, 울열증과 동상, 동창, 참호족염이 있다.
② 불량조명으로 안정피로, 근시, 안구진탕증 등이 있다.
③ 자외선과 적외선으로 피부, 눈의 장애가 있다.
④ 공업중독으로는 납중독, 수은중독, 크롭중독, 카드뮴중독이 있다.
⑤ 분진으로 진폐증이 있다.

4) 직업병의 예방
환경관리, 작업조건, 근로자 관리 대책이 있다.

Chapter 02 소독학

① 소독의 정의 및 분류

1) 소독의 정의
미생물을 파괴 또는 증식력을 제거하는 작용이다. 세균의 포자까지는 살균하지는 못한다.
① 멸균 : 세균의 포자까지 모두 사멸 또는 제거하는 것이다.
② 살균 : 생활력을 가지고 있는 미생물을 여러 가지 작용에 의해 급속하게 죽이는 것이다.
③ 방부 : 미생물의 발육과 작용을 제거하거나 정지시켜 음식물의 부패나 발효를 방지하는 것이다.
※ 소독력의 크기 = 멸균 〉 살균 〉 소독 〉 방부 〉 청결

2) 소독의 분류
① 물리적 소독
- 건열에 의한 멸균법 : 화염멸균법, 건열멸균법, 소각소독법
- 습열에 의한 멸균법 : 자비소독, 저온소독, 유통증기소독, 고압증기소독, 간헐멸균법
- 광선에 의한 멸균법 : 자외선 멸균법, 초음파 멸균법, 방사선 소독
- 세균여과법

② 화학적 소독
- 소독의 구비조건
  ㉠ 사용방법이 간편해야 한다.
  ㉡ 인체에 해가 없어야 한다.
  ㉢ 소독하는 대상물에 손상을 입지 않아야 한다.
  ㉣ 소독 재료가 풍부하고 저렴해야 한다.
  ㉤ 안정성이 있어야 한다.
  ㉥ 빠른 시간이 필요하다.
- 소독액의 농도 표시법
  ㉠ 소독약과 희석액의 관계는 %로 표시한다.
  ㉡ 소독양의 양을 가리키는 것은 ‰(퍼밀리)로 표시한다.
  ㉢ 용액량 100만 중에 포함되어 있는 용질량으로 용액의 농도를 ppm으로 표시한다.

• 소독액의 종류

석탄산(5% 페놀)	살균력이 안정되고 화학 변화가 일어나지는 않으나, 냄새와 독성이 강하며 피부 점막에 자극이 있다.
크레졸	오물, 객담, 의류, 마포, 고무제품의 세균 소독으로 석탄산 소독력의 2배의 효과가 나며, 비누액으로 만들어 사용하여 피부자극은 없으나 강한 냄새가 단점이다.
승홍수(염화 제2수은)	0.1%의 농도는 승홍 1 + 식염 1 + 물 1,000 비율로 만드는 것으로 맹독성으로 식기류나 피부소독에는 적합하지 않으며, 배설물을 소독한다.
생석회	산화칼슘으로 분변, 하수, 오수, 오물, 토사물 소독에 적당하며 공기에 노출되면 살균력이 저하된다.
과산화수소	무포자균을 빨리 살균한다. 구내염, 인두염, 입안 세척, 상처 등에 사용한다.
알코올	손, 기구 등에 사용하며 무포자균에 유효하다.
머큐로크롬	자극성은 없으며 살균력이 약해 피부 상처에 사용한다.
역성비누	무미, 무해, 무독이면서 침투력과 살균력이 강하다.

② 미생물 총론

1) 미생물의 정의

식물이나 동물 이외에 육안으로 잘 볼 수 없는 0.1㎜ 이하의 생물들을 미생물 또는 원생생물이라고 한다.

① 좁은 의미 : 세균, 진균, 리케차, 클라미디아, 바이러스
② 넓은 의미 : 원생동물, 조류
③ 크기 : 곰팡이 > 효모 > 세균 > 리케차 > 바이러스

2) 증식환경

① 습도 : 세균의 발육과 증식에 필요한 영양소는 보통 물에 녹기 때문에 많은 수분을 함유하고 있다.
② 온도 : 발육과 증식이 가장 왕성하게 일어나는 최적온도는 28~38℃이다.
③ 수소이온농도 : 세균이 잘 자라는 수소이온농도는 pH 5.0~8.5가 적당하다.
④ 영양과 신진대사 : 물, 질소, 탄소 및 유기물질이 필요하다.
⑤ 광선 : 직사광선은 세균을 몇 분 또는 몇 시간 안에 죽이며 자외선이 살균작용을 한다.

③ 병원성 미생물

1) 병원성 미생물의 정의
자연계의 항상성을 유지시키는 역할을 하는데, 그 중에서 극히 일부의 미생물이 사람과 동식물에게 감염되어 질병을 유발시킨다.

종류	균명	주요질병
DNA	아데노 바이러스	인두결막염, 유행성결막염
	파포바 바이러스	급성열성인두염, 상피종양, 사마귀
	헤르페스 바이러스	단순포진, 대상포진
	폭스 바이러스	수두, 대상포진
RNA	인플루엔자 바이러스	독감
	아레나바이러스	라사열, 수막염
	분야 바이러스	뇌염, 신증후군출혈열
	코로나 바이러스	감기
	폴리오 바이러스	소아마비
	인체면역결핍 바이러스	후천적 면역결핍증

2) 병원성 미생물의 분류
① 바이러스
- 자기만으로는 증식하지 못하고 동식물이나 미생물 세포에 기생하여 증식한다.
- 세포 내의 병원체로서 생세포에서만 증식한다.
- 자외선에 약하고 저온에 강하다.

② 세균
- 세포의 중앙에서 분열하여 증식하므로 분열균이며 단세포 생물이다.
- 나균, 매독균 등을 제외하고는 인공배지에서 잘 자란다.
- 구균, 간균, 나선균으로 형태가 나뉘어진다.

③ 곰팡이(진균)
- 곰팡이, 효모, 버섯류 등이 진균에 포함되며 박테리아보다 크기가 큰 진핵세포로 구성된다.
- 피부, 모발, 손톱 등의 각하조직에 주로 감염된다.

④ 원생동물
- 단세포성 비광합성 미생물이다.
- 핵, 편모, 섬모, 위족 등이 있어 운동을 한다.
- 이질 : 아메바, 소화관
- 감염 : 트리파노소마, 비뇨생식기계
- 감염: 트리코모나스

⑤ 리케차
- 세균보다는 작고 바이러스보다는 큰 짧은 막대 모양이다.
- 곤충류가 매개 역할을 한다.
- 절지동물에 기생하며, 급성·열성질환으로 발열, 피부발진, 맥관염 등의 증상을 나타낸다.

⑥ 클라미디아
- 둥글고 세포벽이 있으며 핵산과 단백질을 합성한다.
- 호흡기계와 비뇨생식기계의 질병을 유발한다.
- 트라코마 클라미디아는 눈이나 생식기 점막에 국소 감염을 일으킨 후 다양한 감염증상을 일으킨다.

④ 소독방법

1) 자연소독
   희석, 자외선, 한냉에 의한 저온 소독법이 있다.

2) 물리적 소독
   ① 열에 의한 멸균
   - 건열멸균법 : 160~170℃에서 1~2시간 처리, 180℃는 30분으로 유리, 플라스틱, 비커, 접시, 핀셋 등의 유리기구와 금속기구가 해당된다.
   - 습열멸균법 : 자비소독법과 고압증기멸균법이 속한다.
   - 저온소독법 : 살모넬라나 결핵균 등에 효과적이며 우유는 63℃에서 30분 처리하며 아이스크림 원료는 80℃에서 30분간 처리한다.

   ② 빛에 의한 멸균
   - 자외선 살균 : 무균조작실, 병원 수술실, 식품저장 창고, 공기 등에 널리 사용된다.
   - 방사선 멸균 : 투과력이 강하여 내부 깊숙이까지 멸균이 가능하고 짧은 시간에 멸균할 수 있다.
   - 여과멸균법 : 바이러스 여과막을 사용하여 사용 도중에 오염되어 실패하는 일이 있으므로 주의가 필요하다.
   - 초음파 살균법 : 수술실의 수세, 수술기구, 연구 기자재의 세정 및 균체 파괴에 의한 균체 내용물 추출 등에 사용된다.

   ③ 화학적 소독법
   - 화학적 인자 : 물, 온도, 농도, 시간
   - 가스에 의한 멸균법 : EO 가스, 포름알데히드 가스, 오존

   ④ 산류
   석탄산(페놀), 크레졸, 헥사클로로펜 등이 있다.

⑤ 알코올류
- 에틸 알코올 : 70% 에탄올 분무는 호흡기 기구 소독에 효과적이다.
- 이소프로판올 : 70% 이상 농도에서 에틸알코올 보다 강한 살균작용이 있고 다른 살균제의 첨가로 효과가 증대된다.
- 과산화수소수 : 2.5~3.5% 수용액으로 상처부위 소독과 조직정화, 악취 제거에 사용하고 구강세척 시에는 물이나 생리식염수로 희석하여 사용한다.
- 과산화 벤조일 : 5~10%의 과산화 벤조일 로션이 있으며 여드름, 적창(acne rosacea)치료에 사용된다.
- 머큐로크롬 : 조직에 대한 자극성이 적고 2% 용액으로 피부소독에 이용되나 착색이 심하다.
- 희옥도정기 : 70%의 에탄올에 3% 요오드, 2%의 이오드화칼륨을 함유한다.
- 양이온 계면활성제(역성비누) : 손, 기구 등의 소독에 적당하다.
- 양성 계면활성제 : 결핵균에 효력이 있고 객담 소독에도 사용할 수 있다.
- 요오드팅크 : 살균력이 강하고 피부소독에 이용된다.
- 생석회 혹은 산화칼슘 : 분뇨, 토사물, 분뇨통, 쓰레기통, 하수도, 수조 등의 소독에 적당하나 결핵균, 아포 등에 거의 효력이 없다.

⑤ 분야별 위생·소독

1) 피부관리 분야 위생 · 소독
   ① 고객대기실 : 실내화 청결 및 고객접대실 청결과 쾌적을 유지한다.
   ② 탈의실 및 샤워실 : 옷 보관 장소 청결유지, 샤워실 청결 및 환기, 사용한 타올과 가운을 넣는 통 청결 유지, 벽과 바닥 소독제로 청결 유지한다.
   ③ 시술공간 : 환기가 잘 되도록 환기구를 자주 닦고 냉난방 장치를 정기적으로 점검하며 필터를 자주 교체해야 하고, 조명기구 청결, 일회용 타올 및 펌프용 비누 사용해야 한다.
   ④ 기기 및 도구류 위생소독
      - 미용기구인 전기제품류는 청결상태를 유지해야한다.
      - 확대경, 적외선램프, 우드램프 등은 시술전후에 알코올을 적신 솜을 이용하여 소독한다.
      - 용품은 1회용품을 사용하여 감염을 예방한다.
      - 타올은 삶아서 세탁하고, 가운은 고객마다 깨끗하게 세탁한 것으로 교환해서 사용한다.
      - 유리, 고무 볼 등은 세척 후 자외선 소독기를 이용한다.
      - 팩붓은 중성세제를 이용하여 세척 후 자외선 소독기에 소독한다.
      - 금속류는 락스를 사용하면 부식될 수 있다.

2) 고객의 위생관리
   - 작업환경의 철저한 위생관리로 병균으로부터 고객 보호한다.
   - 전문가들의 위생교육 및 기본상식을 습득한다.
   - 올바른 청소관리로 세균감염 예방한다.
   - 에이즈 간염 등 질병으로부터 일회용 장갑 착용한다.

Chapter 03 : 공중위생관리법규(법, 시행령, 시행규칙)

① 목적 및 정의

1) 공중위생관리법의 목적
제1조의 의하면 공중이 이용하는 영업과 시설의 위생관리 등에 관한 사항을 규정함으로 위생수준을 향상시켜 국민의 건강증진에 기여함을 목적으로 한다.

2) 공중위생관리법의 정의
제2조 5항에 의하면 "미용업"이라 함은 손님의 얼굴·머리·피부 등을 손질하여 손님의 외모를 아름답게 꾸미는 영업을 말한다.

※ 미용업(피부) : 의료기기나 의약품을 사용하지 아니하는 피부상태분석·피부관리·제모·눈썹손질을 행하는 영업이다.

② 영업의 신고 및 폐업

1) 영업신고
공중위생영업을 하고자 하는 자는 공중위생영업의 종류별로 보건복지부령이 정하는 시설 및 설비를 갖추고 시장·군수·구청장에게 신고해야 한다.

① 미용업의 시설과 설비 기준
- 미용기구는 소독을 한 기구와 소독을 하지 아니한 기구를 구분해 보관할 수 있는 용기를 비치해야 한다.
- 소독기, 자외선 살균기 등 미용기구를 소독하는 장비를 갖추어야 한다.
- 영업소 내에 작업장소와 응접장소, 상담실, 탈의실 등을 분리해 칸막이를 설치할 때에는 외부에서 내부를 확인할 수 있도록 각각 전체 벽면적의 3분의 1 이상은 투명하게 해야 한다.
- 피부미용을 위한 작업 장소 내에는 베드와 베드 사이에 칸막이를 설치할 수 있으나, 전체 면적의 3분의 1 이상은 투명하게 해야 한다.

② 영업신고 시 제출할 서류
- 영업시설 및 설비 개요서
- 교유필증
- 면허증 원본

③ 변경신고 : 시장·군·구청장에게 변경 신고해야 한다.
- 영업소의 명칭 또는 상호
- 영업소의 소재지
- 신고한 영업장 면적의 3분의 1 이상의 증감
- 대표자의 성명(법인의 경우에 한함)
- 영업변경신고 시 제출할 서류 : 영업신고증, 변경사항을 증명하는 서류

2) 폐업신고

폐업한 날로부터 20일 이내에 시장·군수·구청장에게 신고해야 한다. 신고 시 폐업신고서에는 영업신고증을 첨부해야 한다.

3) 영업의 승계

- 면허를 소지한 자에 한해 공중위생영업자의 지위를 승계할 수 있다.
- 승계한 자는 1월 이내에 보건복지가족부령이 정하는 바에 따라 시장·군수·구청장에게 신고해야 한다.

③ 영업자 준수사항

1) 미용업자의 위생관리의무

- 점빼기, 귓불뚫기, 쌍꺼풀수술, 문신, 박피술 그 밖에 이와 유사한 의료행위를 하여서는 아니 된다.
- 피부미용을 위하여 약사법 규정에 의한 의약품 또는 의료용구를 사용하여서는 아니 된다.
- 미용기구 중 소독을 한 기구와 소독을 하지 아니한 기구는 각각 다른 용기에 넣어 보관하여야 한다.
- 1회용 면도날은 손님 1인에 한하여 사용하여야 한다.
- 업소 내에 미용업신고증, 개설자의 면허증 원본 및 미용요금표를 게시하여야 한다.
- 영업장 안의 조명도는 75룩스 이상이 되도록 유지하여야 한다.

2) 공중이용시술의 위생관리

- 실내공기는 보건복지령이 정하는 위생관리기준에 적합하도록 유지할 것.
- 영업소, 화장실, 기타 공중이용시설 안에서 시설이용자의 건강을 해칠 우려가 있는 오염물질이 발생되지 아니하도록 할 것. 이 경우 오염물질의 종류와 오염허용기준은 보건복지부령으로 정한다.
- 규제대상 오염물질의 종류와 오염허용기준

오염물질의 종류	오염허용기준
미세먼지(PM-10)	24시간 평균치 150mg/m² 이하
일산화탄소(CO)	1시간 평균치 25ppm 이하
이산화탄소(CO_2)	1시간 평균치 1,000ppm 이하
포름알데히드(HCHO)	1시간 평균치 120mg/m² 이하

④ 면허

1) 자격기준
- 미용사가 되고자 하는 자는 다음의 어느 하나에 해당하는 자로서 보건복지부령이 정하는 바에 의하여 시장·군수·구청장의 면허를 받아야 한다.
- 전문대학 또는 이와 동등 이상의 학력이 있다고 교육과학기술부장관이 인정하는 학교에서 이용 또는 미용에 관한 학과를 졸업한 자
- 학점인정 등에 관한 법상 대학 또는 전문대학을 졸업한 자와 동등 이상의 학력이 있는 것으로 인정되어 이용 또는 미용에 관한 학위를 취득한 자
- 고등학교 또는 이와 동등의 학력이 있다고 교육과학기술부장관이 인정하는 학교에서 이용 또는 미용에 관한 학과를 졸업한 자
- 교육과학기술부장관이 인정하는 고등기술학교에서 1년 이상 이용 또는 미용에 관한 소정의 과정을 이수한 자
- 국가기술자격법에 의한 이용사 또는 미용사의 자격을 취득한 자

2) 결격 사유
다음의 사유 중 하나라도 해당하는 자는 면허를 받을 수 없다.
- 금치산자
- 정신보건법상 정신질환자. 다만, 전문의가 이용사 또는 미용사로서 적합하다고 인정하는 경우 제외
- 공중의 위생에 영향을 미칠 수 있는 전염병 환자로서 보건복지부령이 정하는 자(전염성 결핵환자)
- 마약, 기타 대통령령으로 정하는 약물중독자(대마 또는 향정신성의약품의 중독자)
- 면허가 취소된 후 1년이 경과되지 아니한 자

3) 면허의 재교부 신청사항
- 면허증의 기재사항에 변경(성명 및 주민등록번호의 변경에 한함)이 있을 때
- 면허증을 잃어버렸을 때
- 면허증이 헐어 못 쓰게 될 때

4) 면허증의 반납
① 시장·군수·구청장에게 면허증을 반납할 경우
- 법규정에 의한 명령 위반 시
- 결격사유 발생 시
- 면허증 대여 시
- 면허 취소 시
- 면허의 정지명령을 받은 자, 정신질환자 또는 간질병자

② 반납된 면허증보관
- 보관권자 : 시장·군수·구청장
- 보관기간 : 면허정지 기간 동안 보관

⑤ 업무

1) 미용사의 업무범위
   ① 미용사의 면허를 받은 자가 아니면 미용업을 개설하거나 그 업무에 종사할 수 없다. 다만, 미용사 감독을 받아 미용 업무의 보조를 행하는 경우에는 그러지 아니하다.
   ② 미용의 업무는 영업소 외의 장소에서 행할 수 없다. 다만, 보건복지부령이 정하는 특별한 사유가 있는 경우에는 그러하지 아니한다.
   ③ 특별한 경우
      - 질병 기타의 사유로 인하여 영업소에 나올 수 없는 자에 대하여 이용 또는 미용을 하는 경우
      - 혼례, 기타 의식에 참여하는 자에 대하여 그 의식 직전에 이용 또는 미용을 하는 경우
      - 사회복지시설에서 봉사활동으로 이용 또는 미용을 하는 경우
      - 방송 등의 촬영에 참여하는 사람에 대하여 그 촬영 직전에 이용 또는 미용을 하는 경우
      - 4가지 사정 외에 특별한 사정이 있다고 시장·군수·구청장이 인정하는 경우

⑥ 행정지도 감독

1) 영업소 출입검사
   시·도지사 또는 시장·군수·구청장은 소속공무원으로 하여금 영업소에 출입하여 공중위생영업자의 위생관리의무이행 및 공중이용시설의 위생관리실태 등에 대하여 검사하게 하거나 필요에 따라 공중위생영업장부나 서류를 열람할 수 있다.

2) 영업 제한
   ① 위생제도 및 개선 명령
      - 공중위생영업의 종류별 시설 및 설비기준을 위반한 공중위생영업자
      - 위생관리의무 등을 위반한 공중위생영업자
      - 위생관리의무를 위반한 공중위생시설의 소유자 등

3) 영업소의 폐쇄
   ① 법에 의한 명령에 위반하거나 또는 관계행정기관의 장의 요청이 있는 때에는 6월 이내의 기간을 정하여 영업의 정지 또는 일부 시설의 사용중지를 명하거나 영업소 폐쇄 등을 말할 수 있다.
   ② 폐쇄명령을 받고도 계속하여 영업을 하는 때에는 관계공무원으로 하여금 당해 영업소를 폐쇄하기 위하여 다음의 조치를 하게 할 수 있다.
      - 영업소의 간판, 기타 영업표지물의 제거
      - 영업소가 위법한 영업소임을 알리는 게시물 등의 부착
      - 영업을 위하여 필수불가결한 기구 또한 시설물을 사용할 수 없게 하는 봉인
   ③ 정당한 사유를 들어 봉인해제를 요청할 때에는 그 봉인을 해제할 수 있다.

4) 공중위생감시원

① 감시원의 자격 및 임명
- 소속공무원 중 공중위생감시원을 임명한다.
- 위생사 또는 환경기사2급 이상의 자격증이 있는 자
- 고등교육법에 의거 대학에서 화학, 화공학, 환경공학 또는 위생학 분야를 전공하고 졸업한 자 또는 이와 동등 이상의 자격이 있는 자
- 외국에서 위생사 또는 환경기사의 면허를 받은 자
- 3년 이상 공중위생 행정에 종사한 경력이 있는 자

② 공중위생감시원의 업무범위
- 시설 및 설비의 확인
- 공중위생영업 관련 시설 및 설비의 위생상태 확인, 검사, 공중위생영업자의 위생관리의무 및 영업자준수사항 이행여부의 확인
- 위생지도 및 개선명령 이행여부의 확인
- 공중위생영업소의 영업의 정지, 일부 시설의 사용중지 또는 영업소 폐쇄명령 이해여부의 확인
- 위생교육 이행여부의 확인

⑦ 업소 위생등급

1) 위생평가
위생서비스평가의 죽, 방법, 위생관리등급의 기준 기타 평가에 관하여 필요한 사항은 보건복지부령으로 정한다.
- 평가주기 : 2년

2) 위생등급
- 최우수업소 : 녹색등급
- 우수업소 : 황색등급
- 일반관리대상업소 : 백색등급

⑧ 위생교육

- 매년 3시간 위생교육을 받아야 한다.
- 영업 개시 후 6개월 이내에 위생교육을 받을 수 있다.
- 위생교육은 보건복지부장관이 허가한 단체가 실시할 수 있다.
- 위생교육의 방법, 절차 등 필요한 사항, 보건복지부령

⑨ 벌칙

1) 위반자에 대한 벌칙, 과징금
   ① 1년 이하의 징역 또는 1천만 원 이하의 벌금
      - 시장·군수·구청장에게 공중위생영업의 신고를 하지 아니한 자
      - 사용중지명령을 받고도 그 기간 중에 영업을 하거나 그 시설을 사용한 자 또는 영업소 폐쇄명령을 받고도 계속하여 영업을 한 자
   ② 6월 이하의 징역 도는 500만 원 이하의 벌금
      - 변경신고를 하지 아니한 자
      - 공중위생영업자의 지위를 승계한 자로서 규정에 의한 신고를 하지 아니한 자
      - 건전한 영업질서를 위하여 영업자가 준수하여야 할 사항을 준수하지 아니한 자
   ③ 300만 원 이하의 벌금
      - 위생관리기준 또는 오염허용기준을 지키지 아니한 자로서 개선명령을 따르지 아니한 자
      - 면허가 취소된 후 계속하여 업무를 행한 자
      - 면허정지기간 중에 업무를 행한 자
      - 면허를 받지 않고 미용의 업무를 행한 자

2) 과태료, 양벌규정
   ① 300만 원 이하의 과태료
      - 폐업신고를 아니한 자
      - 개선명령에 위반한 자
   ② 200만 원 이하의 과태료
      - 위생관리 의무를 지키지 아니한 자
      - 영업소 외의 장소에서 미용업무를 행한 자
      - 위생교육을 받지 아니한 자

공중위생관리학

01 보건행정에 대한 설명을 가장 올바른 것은?
① 공중보건의 목적을 달성하기 위해 공공의 책임 하에 수행하는 행정활동
② 개인보건의 목적을 달성하기 위해 공공의 책임 하에 수행하는 행정활동
③ 국가간의 질병교류를 막기 위해 공공의 책임 하에 수행하는 행정활동
④ 공중보건의 목적을 달성하기 위해 개인의 책임 하에 수행하는 행정활동

해설
보건행정은 국민보건과 공중보건, 국가나 지방자치단체의 공공의 책임 하에 수행하는 행정활동이다.

02 다음 중 자비소독을 하기에 가장 적합한 것은?
① 스테인레스 보올
② 제모용 고무장갑
③ 피부관리용 고무볼
④ 피부관리용 팩붓

해설
자비소독이란 끓는 물에 미생물을 멸균하는 방법으로 금속기구, 도자기, 접시 등을 소독할 때 사용하는 방법이다.

03 다음 중 가장 강한 살균작용을 하는 광선은?
① 자외선   ② 원적외선
③ 가시광선 ④ 적외선

해설
살균력의 세기 : 자외선 > 가시광선 > 적외선 > 원적외선

04 이·미용사의 면허증을 대여할 때의 1차 위반 행정처분기준은?
① 영업정지 3월   ② 면허정지 6월
③ 면허정지 3월   ④ 영업정지 6월

해설
• 1차 : 면허정지 3월
• 2차 : 면허정지
• 3차 : 면허취소

05 소독약의 사용 및 보존상의 주의점으로서 틀린 것은?
① 사용하고 남은 소독약은 반드시 보관하지 않고 버린다.
② 일반적으로 소독약은 밀폐시켜 일광이 직사되지 않는 곳에 보존해야 한다.
③ 승홍이나 석탄산 같은 것은 인체에 유해하므로 특별히 주의 취급 하여야 한다.
④ 염소제는 일광과 열에 의해 분해되지 않도록 냉암소에 보존하는 것이 좋다.

해설
소독약은 필요한 양만큼 새로 만들어 사용하는 것이 좋지만, 반드시 그렇게 하는 것이 아니며, 사용하고 남은 소독약은 냉암소에 보관하였다가 다시 사용할 수 있다.

06 공중위생관리법상 이·미용 업소의 조명 기준은?
① 50룩스 이상   ② 75룩스 이상
③ 100룩스 이상 ④ 140룩스 이상

정답 01 ① 02 ① 03 ① 04 ③ 05 ① 06 ②

> **해설**
> 공중위생관리법 시행규칙 제7조 4항에 의하면 조명도는 75룩스 이상이 되도록 유지하여야 한다고 명시되어 있다.

07 이·미용업 영업자가 공중위생관리법을 위반하여 관계행정기관의 장의 요청이 있는 때에는 몇 월 이내의 기간을 정하여 영업의 정지 또는 일부시설의 사용 중지 혹은 영업소 폐쇄 등을 명할 수 있는가?

① 3월   ② 6월
③ 9월   ④ 1년

08 공중보건학의 개념과 가장 관계가 적은 것은?

① 전염병 예방에 관한 연구
② 성인병 치료기술에 관한 연구
③ 지역주민의 수명 연장에 관한 연구
④ 육체적 정신적 효율 증진에 관한 연구

> **해설**
> 지역사회 주민 전체 및 국민 전체를 대상으로 사람들의 건강을 증진하기 위하여 질병의 예방 및 수명 연장을 위하여 실천적 활동이다.

09 석탄산의 90배 희석액과 어느 소독약의 180배 희석액이 같은 조건하에서 같은 소독효과가 있었다면 이 소독약의 석탄산 계수는?

① 0.20   ② 0.02
③ 2.00   ④ 20.0

> **해설**
> 석탄산을 기준으로 소독약의 그의 배수가 나누는 것이 계수이다.

10 이·미용사 영업자의 지위를 승계 받을 수 있는 자의 자격은?

① 자격증이 있는 자
② 면허를 소지한 자
③ 보조원으로 있는 자
④ 돈이 많이 있는 자

> **해설**
> 면허를 소지한 자만 승계를 받을 수 있다.

11 여러 가지 물리화학적 방법으로 병원성 미생물을 가능한 한 제거하여 사람에게 감염의 위험이 없도록 하는 것은?

① 멸균   ② 살충
③ 방부   ④ 소독

> **해설**
> • 멸균 : 모든 균을 사멸시키는 방법
> • 방부 : 미생물을 발육과 작용을 제거하거나 정지하여 발효를 방지하는 것
> • 살충 : 곤충을 죽이는 것

12 이·미용업의 준수사항으로 틀린 것은?

① 점빼기, 쌍꺼풀수술 등의 의료행위를 하여도 된다.
② 영업장의 조명도는 75룩스 이상 되도록 유지한다.
③ 간단한 피부미용을 위한 의료기구 및 의약품도 사용하면 안 된다.
④ 소독을 한 기구와 하지 않은 기구는 각각 다른 용기에 보관하여야 한다.

> **해설**
> 점빼기, 쌍꺼풀수술 등의 의료행위는 하면 안 된다.

정답 07 ② 08 ② 09 ③ 10 ② 11 ④ 12 ①

13 다음 중 동물과 전염병의 병원소로 연결이 잘못된 것은?

① 소 - 결핵   ② 쥐 - 말라리아
③ 돼지 - 일본뇌염   ④ 개 - 공수병

해설
쥐 : 페스트, 발진열, 쯔쯔가무시병, 유행성 출혈열, 렙토스피라증, 아메바성 이질

14 보통 상처의 표면을 소독하는데 이용하며 발생기 산소가 강력한 산화력으로 미생물을 살균하는 소독제는?

① 크레졸   ② 에탄올
③ 석탄산   ④ 과산화수소

해설
- 석탄산 : 화학적 소독법으로 토사물이나 배설물의 살균방법이다.
- 크레졸 : 석탄산 소독의 2배의 효과이며 환자의 배설물 소독에 사용한다.
- 에탄올 : 손소독에 사용한다.

15 이 · 미용업의 영업신고를 하지 아니하고 업소를 개설한 자에 대한 법적 조치는?

① 200만 원 이하의 벌금
② 300만 원 이하의 과태료
③ 6월 이하의 징역 또는 500만 원 이하의 벌금
④ 1년 이하의 징역 또는 1천만 원 이하의 벌금

해설
1년 이하의 징역 또는 1천만 원 이하의 벌금 : 미용업 영업의 신고를 하지 아니하고 영업한 자, 영업정지명령 또는 일부시설의 사용중지명령을 받고도 그 기간 중에 영업을 한 자, 영업소 폐쇄명령을 받고도 계속하여 영업을 한 자

16 식품의 혐기성 상태에서 발육하여 체외독소로서 신경독소를 분비하며 치명률이 가장 높은 식중독으로 알려진 것은?

① 살모넬라 식중독
② 웰치균 식중독
③ 알레르기성 식중독
④ 보툴리누스균 식중독

해설
- 살모넬라 식중독 : 잠복기간은 12~24시간이며, 발병률은 75% 이상이나 사망률은 낮으며, 식육류나 가공품, 어패류, 달걀, 우유 및 유제품에 원인식품이 있다.
- 웰치균 식중독 : 포도상구균으로 균에 오염된 식품에 많으며, 잠복기간이 짧으며, 급성으로 구토, 설사, 복통이 올 수 있다.

17 승홍에 소금을 섞었을 때 일어나는 현상은?

① 소독대상물의 소독을 막는다.
② 세균의 독성을 중화시킨다.
③ 용액의 기능을 3배 이상 증대시킨다.
④ 용액이 중성으로 되고 자극성이 완화된다.

해설
승홍은 산이며, 소금은 알칼리이다. 산과 알칼리가 섞이면 중성이 된다.

18 미용영업자가 시장 · 군수 · 구청장에게 변경 신고를 하여야 하는 사항이 아닌 것은?

① 영업소의 명칭의 변경
② 영업소 내 시설의 변경
③ 신고한 영업장 면적의 1/3 이상의 증감
④ 대표자의 성명(법인의 경우에 한함)

해설
변경신고대상 : 영업소의 명칭 또는 상호, 영업소의 소재지, 영업장의 1/3 이상 증감, 대표자의 성명(법인에 한해), 미용업 업종 간 변경

정답 13 ② 14 ④ 15 ④ 16 ③ 17 ④ 18 ②

19 위생서비스평가의 결과에 따른 위생관리등급별로 영업소에 대한 위생 감시를 실시할 때의 기준이 아닌 것은?

① 위생교육 실시 횟수
② 위생감시의 실시 횟수
③ 위생감시의 실시 주기
④ 영업소에 대한 출입·검사

20 실내의 가장 쾌적한 온도와 습도는?

① 20℃, 20%   ② 18℃, 30%
③ 18℃, 60%   ④ 20℃, 80%

🔔 해설
쾌적온도는 18℃, 습도는 40~70%이다.

21 이·미용업 종사자가 손을 씻을 때 많이 사용하는 소독약은?

① 크레졸 수   ② 페놀 수
③ 과산화수소 ④ 역성 비누

🔔 해설
크레졸 수, 페놀 수, 과산화수소는 소독할 때 사용한다.

22 이·미용업소 내에서 게시하지 않아도 되는 것은?

① 요금표
② 이·미용업 신고증
③ 개설자의 면허증 원본
④ 개설자의 건강진단서

🔔 해설
게시물은 영업신고증, 개설자의 면허증, 요금표

23 이·미용사의 면허를 받지 않은 자가 이·미용의 업무를 하였을 때의 벌칙기준은?

① 100만 원 이하의 벌금
② 200만 원 이하의 벌금
③ 300만 원 이하의 벌금
④ 400만 원 이하의 벌금

🔔 해설
300만 원 이하의 벌금 : 위생관리 기준 또는 오염 기준을 지키지 아니한 자로 개선명령을 위반한 자, 면허 취소된 후 계속하여 업무를 행한 자, 면허정지기간 중 업무를 행한 자, 무면허업무를 행한 자

24 인수공통 전염병에 해당하는 것은?

① 천연두   ② 공수병
③ 매독   ④ 세균성 이질

🔔 해설
• 인수공통전염병 : 동물과 사람 간에 서로 전파되는 병원체에 의해 발생되는 것이다.
• 공수병 : 바이러스(Rabies virus)감염에 의해 뇌염, 신경증상 등 중추신경계 이상을 일으켜 발병 시 대부분 사망하는 인수공통질환이다. 광견병에 걸린 가축이나 야생동물이 물거나 할퀸 자리에 바이러스가 들어있는 타액이 묻게 되면 전파된다.

25 이·미용사 면허를 받을 수 있는 자가 아닌 것은?

① 고등학교에서 이용 또는 미용에 관한 학과를 졸업한 자
② 전문대학에서 이용 또는 미용에 관한 학과 졸업자
③ 국가기술자격법에 의한 이용사 또는 미용사 자격을 취득한 자
④ 보건복지부장관이 인정하는 외국인 이용사 또는 미용사 자격 소지자

정답 19 ② 20 ③ 21 ④ 22 ④ 23 ③ 24 ② 25 ④

02 실기

유의사항

미용사(피부) 수험자 복장 감점 적용범위

구분	기준	내용	감점 적용	비고
위생복 (가운)	반팔 흰색	민소매형(민소매 + 반팔티 포함)	√	가운의 목깃, 허리부분 길이, 디자인 등은 감점사항 아님
		긴팔(걷는 것도 포함)	√	
		반팔가운이지만 속티가 깊게 나온 경우	√	
		하얀색 바탕에 검정무늬(단추 등 포함)	√	
위생복 (하의)	흰색 긴 바지	검정, 회색, 아이보리, 베이지 등의 유색 하의	√	하의의 종류, 재질 및 디자인은 구분하지 않음
		긴바지가 아닌 하의(반바지, 스타킹, 츄리닝, 레깅스 등)	√	
		색줄 혹은 색무늬 있는 하의	√	
		기타 흰색 외 색상	√	
마스크	흰색	청색(하늘색 포함)	√	청색은 비표식 개념 (수험자 재료목곡 기재사항)
		미착용	√	
		흰색 외 색상	√	
신발	흰색 실내화	실내화가 아닌 신발(일반운동화, 구두 등 실외에서 착용하는 신발 등)	√	신발 앞 혹은 뒤가 터져 있는 경우 샌달 혹은 슬리퍼 형으로 간주
		샌달 형	√	
		슬리퍼 형	√	
		뒤가 터져 있는 간호사 신발	√	
		선명하고 확실하게 구분되는 두꺼운 줄 및 무늬가 있는 신발	√	
		기타 흰색 외 색상	√	
티셔츠	흰색	흰색을 제외한 유색 티셔츠(가운 밖으로 노출이 되는 경우)	√	비표식 개념
		목 전체를 덮는 폴라티	√	
양말	흰색	흰색 외 색상(표시가 나는 유색 스타킹 등도 포함) ※ 표시가 나지 않는 스타킹은 감점 제외 ※ 양말을 안신은 경우(맨발)는 감점	√	복식은 흰색으로 통일하도록 되어 있으며, 유색은 비표식개념
기타	검은색	검은색을 제외한 머리 띠 및 머리망, 머리핀 등의 머리 고정 용품	√	머리용은 검은색으로 통일하도록 되어 있으며, 흰색은 규정위반

※ 양말 – 상표, 유색 테두리 허용
※ 신발 – 상표, 유색 테두리 허용 (제시된 사진 참고)
※ 젤리화, 크룩스화, 벨크로형(찍찍이) 형태의 실내화 등도 지참 가능하며 감점사항에 해당되지 않습니다.
※ 반팔 위생복(가운)의 팔부위에서 안쪽 옷(티셔츠)이 밖으로 나오면 감점

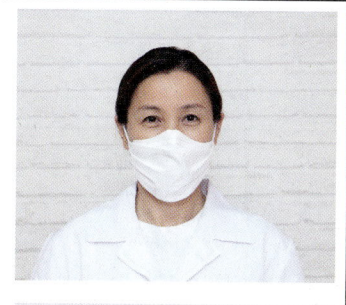

- 위생복(상의는 흰색 반팔 가운, 하의는 흰색 긴바지로 모든 복식은 흰색으로 통일, 단, 머리 장식품(핀 등)을 사용 시에는 검은색 착용, 1회용 가운 제외), 마스크 및 실내화(색상은 흰색 통일)를 착용하여야 하며, 복장 등에 소속을 나타내거나 암시하는 표시가 없어야 합니다(1회용 가운 제외)
- 눈에 보이는 표식(예: 문신, 헤너, 네일 컬러링, 디자인 등)이 없어야 하며, 표식이 될 수 있는 액세서리(예: 반지, 시계, 팔찌, 발찌, 목걸이, 귀걸이 등)를 착용할 수 없습니다(단, 문신, 헤나 등의 범위가 작은 경우 살색의 의료용 테이프 등으로 가릴 수 있음).
※ 반지, 귀걸이 등 액세서리 착용 시 감점

- 반드시 화장(파운데이션, 마스카라, 아이라인, 아이섀도, 눈썹 및 입술화장(립스틱사용 등)이 되어 있어야 합니다.(남자모델도 경우도 동일)
- 만14세 이상의 신체 건강한 남, 여(년도기준)로 아래의 조건에 해당하지 않아야 합니다.
  - 심한 민감성 피부 혹은 심한 농포성 여드름이 있는 자 등 피부관리에 적합하지 않은 피부질환을 가진 자
  - 성형수술(코, 턱윤곽술, 주름제거 등)한지 6개월 이내인 자
  - 호흡기 질환, 민감성 피부, 알레르기 등이 있는 자
  - 임신 중인 자
  - 정신질환자
  - 여성 수험자는 여성모델을, 남성 수험자는 남성 모델을 준비하시면 되며 사전에 모델에게 작업에 요구되는 노출에 대한 동의를 받아야 한다.
- 채점대상에서 제외
  - 모델이 가운을 미착용한 경우(여성: 속가운, 남성: 베이지색 또는 남색 반바지)
  - 수험자 유의사항 내의 모델 조건에 부적합한 경우
- 해당 작업 0점 처리 모델이 가운을 미착용한 경우(여성 : 겉가운, 남성 : 흰색 반팔 티셔츠)

01 얼굴관리

※ 클렌징 작업 전, 과제에 사용되는 화장품 및 사용 재료를 관리에 편리하도록 작업대에 정리하시오.

 웨건 세팅

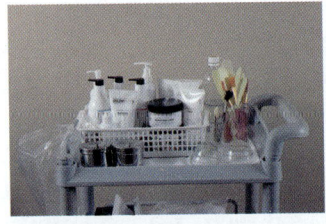
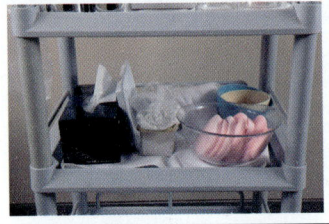

- 바구니에 1과제에 사용할 제품을 둔다.
- 팩브러시와 스파츌라는 꽂아둔다.
- 화장솜과 알코올솜을 둔다.
- 유리볼을 둔다.
- 이단에 해면과 모델링과 석고마스크를 둔다.
- 냉습포를 둔다.
- 삼단에 해면사용 후에 둔 것을 둔다.
- 삼단에 스파츌라와 팩브러시를 사용 후에 둘 꽂이를 둔다.
- 쓰레기통을 손잡이에 붙여둔다.

※ 베드는 대형 수건을 미리 세팅하고, 재료 및 도구의 준비, 개인 및 기구 소독을 하시오.

② 베드세팅

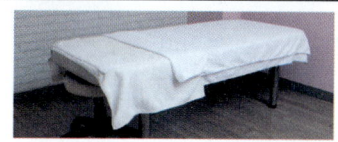

- 대타올을 펼쳐서 베드 위에 둔다.
- 중타올을 머리 부분에 펼친다.
- 머리부분에 터번을 둔다.
- 대타올을 펼쳐 접어서 둔다.

※ 모델이 관리에 적합하게 준비(복장, 헤어터번, 누출관리 등)하고 누워 있도록 한 후 감독위원의 준비 및 위생 점검을 위해 대기하시오.

③ 모델이 누운 상태

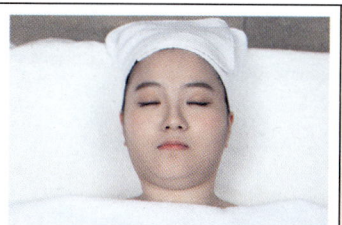

모델이 베드에 누웠을 때 터번을 한 상태가 되면 준비단계가 마무리 된다.

Chapter 01 관리계획표 작성

- 관리계획표는 제시되어진 조건에 맞는 내용으로 시험에서의 작업에 의거하여 작성하여야 한다.
- 필기도구는 흑색 볼펜만을 사용하여야 한다.
- 시간 : 10분

※ 주어진 조건에 맞는 관리계획표를 작성하시오.

1) 얼굴의 피부 타입은 팩 사용의 부위별 피부 타입을 기준으로 결정하시오.
   (단, T-존과 U-존의 피부 타입만으로 판단하며, 피부의 유수분 함량을 기준으로 한 타입(건성, 중성(정상), 지성, 복합성)만으로 구분하시오.

2) 팩 사용을 위한 부위별 피부 상태(타입)
   - T-존 : 모공이 넓으며 아침에 세안을 하여도 번들거리며, 기름기가 전체적으로 돈다.
   - U-존 : 세안 후 당기면서 화장을 해도 푸석푸석 거린다.
   - 목 부위 : 피부가 탄력이 있고 혈액순환이 원활히 하여 핑크빛으로 보인다.

3) 딥클렌징 사용제품 : AHA

4) 마스크 : 모델링

※ 기타 유의사항
   1) 관리계획표상의 클렌징, 매뉴얼테크닉용 화장품은 본인이 시험장에서 사용하는 제품의 제형을 기준으로 하시오.

지성-건성-중성타입

관리계획 차트(Care Plan Chart)			
비번호	형별	시험일자 20 . . .(부)	
관리목적 및 기대효과	관리목적 : 정상피부이며 T존과 U존은 정상피부이므로 현재 상태를 유지시켜 주고, 목 부위는 건성피부이므로 유분과 수분을 보충해 준다.		
	기대효과: 신진대사를 촉진시켜서 유분과 수분의 밸런스를 맞추어 준다.		
클렌징	□ 오일　　□ 크림　　■ 밀크/로션　　□ 젤		
딥클렌징	□ 고마쥐(gommge)　□ 효소(enzyme)　■ AHA　□ 스크럽		
매뉴얼테크닉 제품타입	□ 오일　　■ 크림		
손을 이용한 관리형태	■ 일반　　□ 림프		
팩	T-존 : □ 건성타입 팩　■ 정상타입 팩　□ 지성타입 팩		
	U-존 : □ 건성타입 팩　■ 정상타입 팩　□ 지성타입 팩		
	목 부위 : ■ 건성타입 팩　□ 정상타입 팩　□ 지성타입 팩		
마스크	□ 석고 마스크　　■ 고무모델링 마스크		
고객 관리 계획	1주 : 클렌징로션-딥클렌징(AHA)-매뉴얼테크닉-수분팩-마무리(수분크림)		
	2주 : 클렌징로션-딥클렌징(엔자임)-매뉴얼테크닉-영양팩-마무리(수분크림)		
	3주 : 클렌징로션-딥클렌징(고마쥐)-매뉴얼테크닉-수분팩-마무리(수분크림)		
	4주 : 클렌징로션-딥클렌징(AHA)-매뉴얼테크닉-영양팩-마무리(수분크림)		
자가관리 조언 (홈케어)	제품을 사용한 관리 • 아침 : 미지근한 물세안-토너-아이젤-수분에센스-수분크림-자외선차단제 • 저녁 : 클렌징로션-폼클렌징-토너-아이크림-수분에센스-수분크림		
	기타 : 하루에 물을 1.5L 마시고 비타민 C를 섭취한다.		

T존과 U존 : 정상피부, 목 부위 : 건성

관리계획 차트(Care Plan Chart)				
비번호		형별	시험일자 20 . . .(부)	
관리목적 및 기대효과	관리목적 : 복합성피부이며 T존은 지성이므로 피지를 제거하고, U존은 건성이므로 유분과 수분을 보충하여 밸런스를 맞추어 주고, 목 부위는 중성이므로 현재 상태를 유지시켜 준다.			
	기대효과 : 신진대사를 촉진시켜서 T존과 U존의 유수분의 밸런스를 맞추어 준다.			
클렌징	□ 오일	□ 크림	■ 밀크/로션	□ 젤
딥클렌징	□ 고마쥐(gommge)	□ 효소(enzyme)	■ AHA	□ 스크럽
매뉴얼테크닉 제품타입	□ 오일	■ 크림		
손을 이용한 관리형태	■ 일반	□ 림프		
팩	T-존 :	□ 건성타입 팩	□ 정상타입 팩	■ 지성타입 팩
	U-존 :	■ 건성타입 팩	□ 정상타입 팩	□ 지성타입 팩
	목 부위 :	□ 건성타입 팩	■ 정상타입 팩	□ 지성타입 팩
마스크	□ 석고 마스크	■ 고무모델링 마스크		
고객 관리 계획	1주 : 클렌징로션 → 딥클렌징(AHA) → 매뉴얼테크닉 → T존 : 지성타입 팩 / U존 : 건성타입 팩 / 목 부위 : 정상타입 팩 → 마무리(수분크림)			
	2주 : 클렌징로션 → 딥클렌징(엔자임) → 매뉴얼테크닉 → T존, U존, 목 부위 : 수분팩 → 마무리 (수분크림)			
	3주 : 클렌징로션 → 딥클렌징(고마쥐) → 매뉴얼테크닉 → T존 : 지성타입팩 / U존 : 건성타입팩 / 목 부위 : 정상타입 팩 → 마무리(수분크림)			
	4주 : 클렌징로션 → 딥클렌징(AHA) → 매뉴얼테크닉 → T존, U존, 목 부위 : 수분팩 → 마무리 (수분크림)			
자가관리 조언 (홈케어)	제품을 사용한 관리 • 아침 : 미지근한 물세안 → 토너 → 아이젤 → 수분에센스 → 수분크림 → 자외선차단제 • 저녁 : 클렌징로션 → 폼클렌징 → 토너 → 아이크림 → T존 : 피지조절에센스 / U존 : 수분에센스 → 수분크림 • 기타 : 하루에 물을 1.5L 마시고 비타민 C를 섭취한다.			

Chapter 02 클렌징

※ 지참한 제품을 이용하여 포인트 메이크업을 지우고 관리범위를 클렌징 한 후, 코튼 또는 해면을 이용하여 제품을 제거하고, 피부를 정돈하시오.
- 시간 : 15분 (총 작업시간의 90% 이상을 사용합니다.)
- 도포 후 문지르기는 2~3분 정도 유지하시오.
- 관리범위는 얼굴부터 데콜테(가슴〈breast〉은 제외)까지를 말합니다.
- 겨드랑이 안쪽 부위는 제외합니다.

① 손 소독하기

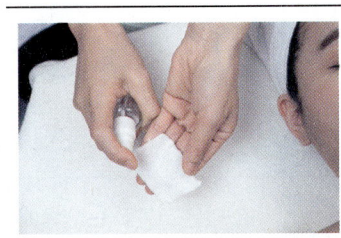
코튼에 소독제를 뿌린다.

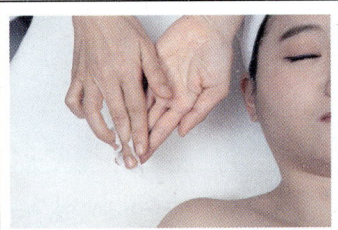
소독제가 묻은 코튼을 이용하여 손바닥과 손등까지 닦는다.

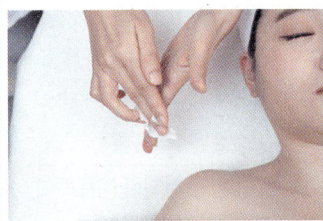
손가락 사이사이 깨끗하게 소독한다.

② 포인트 메이크업제품을 코튼을 이용하여 눈과 입 덮기

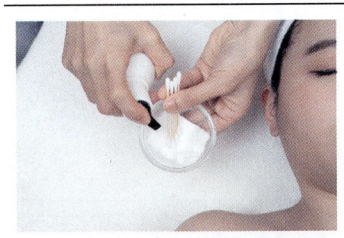
코튼 5장과 면봉을 유리볼에 넣고 메이크업 전용제품을 적용한다.

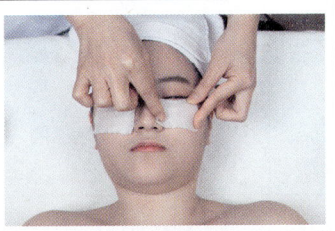
코튼으로 눈썹 밑으로 밀착시켜 부착한다.

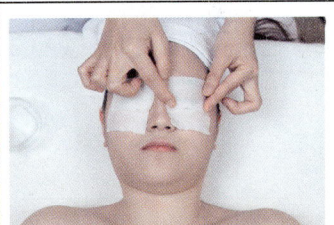
코튼으로 눈부위를 덮는다.

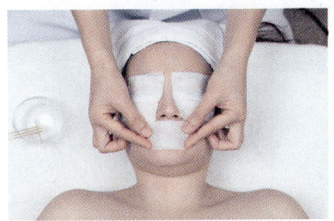
코튼으로 입술을 밀착시켜서 덮는다.

③ 포인트 메이크업 눈 지우기

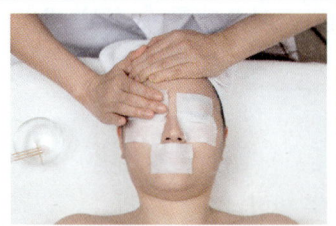	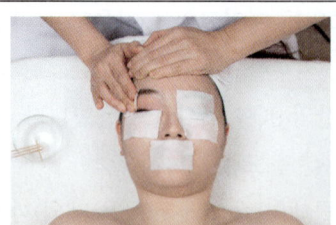	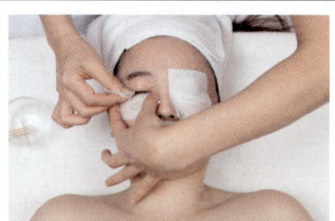
한 손은 이마를 잡고 한 손은 눈을 지긋이 누른다.	지긋이 누른 코튼을 눈 안쪽 부분에서 바깥쪽으로 당기면서 아이섀도우를 지운다.	아래의 코튼을 엄지와 검지로 잡고 코튼을 접은 부분으로 속눈썹을 위에서 아래로 쓸어내린다.
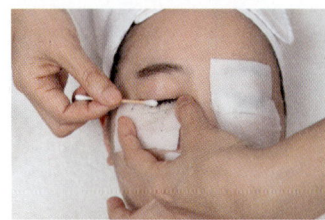	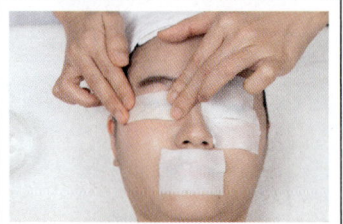	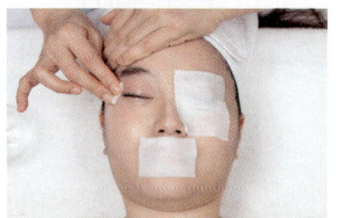
엄지와 검지를 이용하여 아래코튼을 잡고 면봉을 이용하여 속눈썹을 위에서 아래로 쓸어내린다.	눈 아래에 있는 코튼을 눈을 덮는다.	덮은 코튼을 눈 안쪽에서 바깥쪽으로 당겨주며 닦아준다.

④ 포인트 메이크업 입술 지우기

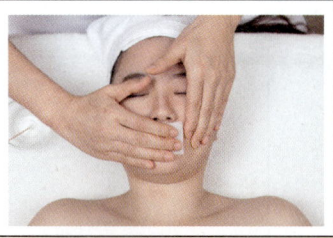	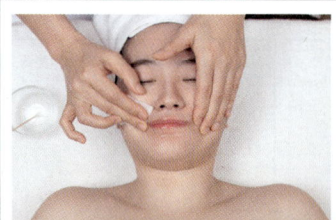	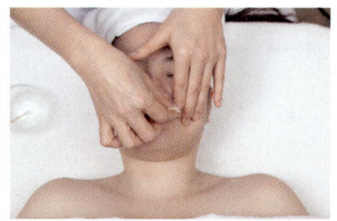
한 손은 텐션을 주고 한 손은 코튼을 잡고 지긋이 눌러준다.	왼쪽에서 오른쪽으로 눌려주면서 쓸어준다.	메이크업을 제거 한 코튼을 반으로 접어서 윗입술을 위에서 아래로 닦아준다.
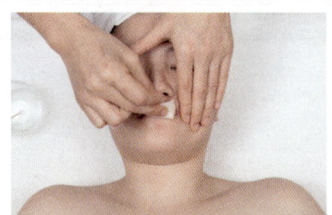	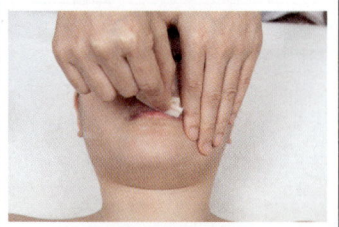	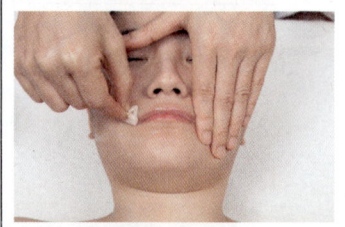
메이크업을 제거한 코튼을 다시 반으로 접어서 아랫입술을 아래에서 위로 닦아준다.	제거한 코튼을 반으로 접어서 윗입술과 아랫입술의 사이부분을 닦아준다.	입술사이부분을 왼쪽에서 오른쪽으로 닦아준다.

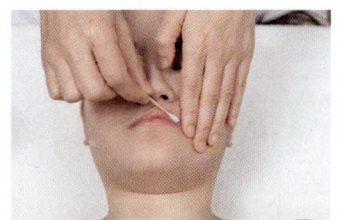

다 제거되지 않은 부분은 면봉을 이용하여 닦아준다.

⑤ 클렌징 적용하기

유리볼에 클렌징을 덜어낸다.

덜어낸 클렌징을 손에 묻혀서 볼에 넓게 돌리면서 적용한다.

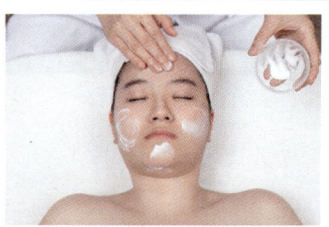

양쪽 볼과 턱 이마부분을 넓게 돌리면서 적용한다.

데콜테부분에도 클렌징크림을 적용한다.

⑥ 클렌징 도포하기

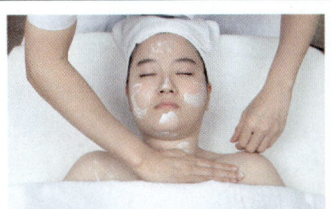
손바닥을 펴서 왼쪽에서 오른쪽으로 일직선으로 쓸어준다. 반대편도 같은 방법으로 쓸어준다. 3회 반복한다.

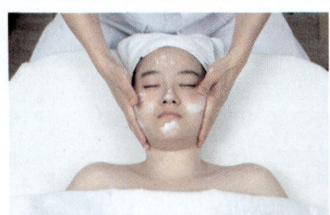
목부위는 위에서 아래 부분을 부채모양으로 돌리면서 쓸어준다. 반대편도 같은 방법으로 쓸어준다. 3회 반복한다.

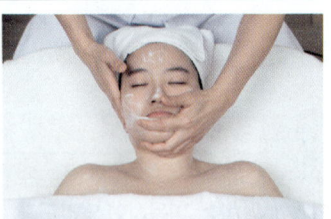
턱부위는 검지와 중지 사이에 끼우고 턱중앙에서 귀부위까지 쓸어준다. 반대편도 같은 방법으로 쓸어준다. 3회 반복한다.

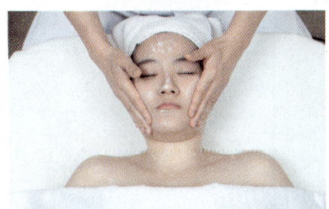
볼부위는 4지를 이용하여 나선형으로 돌려가면서 볼 아래에서 관자놀이까지 쓸어준다.

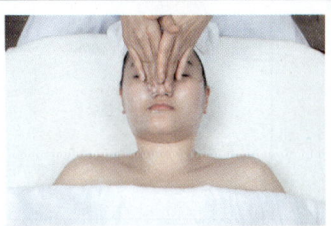
코부위는 아래에서 위로 나선형으로 돌리면서 쓸어준다.

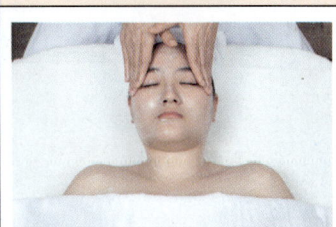
눈주위는 바깥에서 안쪽으로 크게 원을 그리면서 쓸어준다.

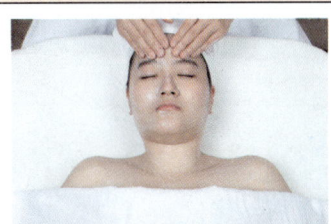
이마부위는 양 손의 4지를 이용하여 나선형으로 그리면서 중앙에서 관자놀이까지 쓸어준다.

클렌징하기

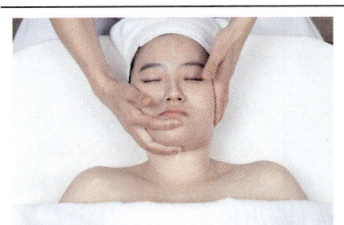
한 손은 텐션을 주고 한 손은 코튼을 잡고 지긋이 눌러준다.

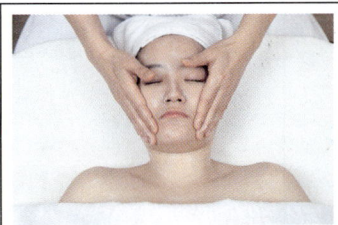
4지를 이용하여 볼부위는 나선형으로 돌리면서 천천히 문지른다.

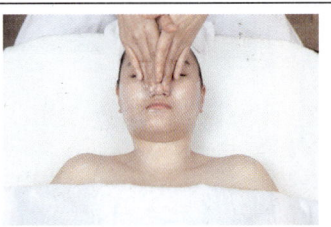
코망울과 인중의 연결은 반원을 그리면서 천천히 문지른다. 코망울은 코의 아래에서 위로 나선형으로 돌리면서 문지른다.

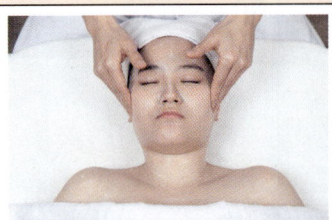
눈 주위를 바깥에서 안쪽으로 크게 돌리면서 쓰다듬는다.

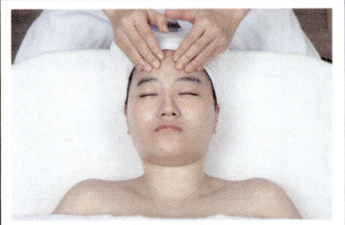
이마부분은 중앙에서 바깥방향으로 나선형을 돌리면서 천천히 문지른다.

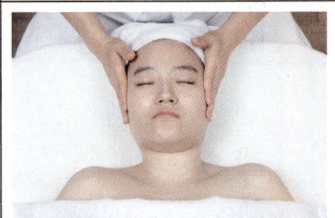
이마를 문지른 후 관자놀이에서 양 손을 멈춘다.

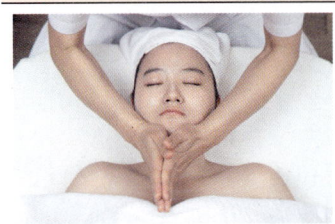
관자놀이에서 얼굴선을 따라 손바닥으로 타고 내려와서 턱으로 빠져나와 손바닥을 마주치며 클렌징을 끝낸다.

 **티슈**

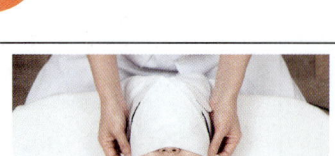
티슈를 반으로 접어서 코끝부분을 대고 피부에 밀착한다.

한 손은 끝을 잡고 티슈를 뒤집어서 코밑 아래부분의 유분을 제거한다.

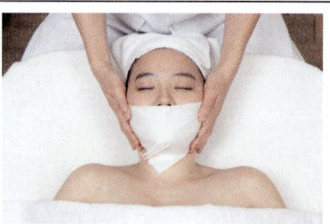
양손을 턱선의 중앙에서 귀 옆까지 티슈를 피부에 밀착한다.

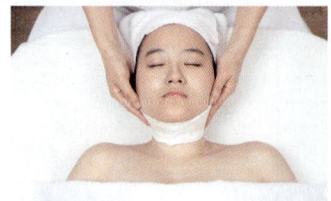
티슈를 반으로 접어서 아래턱과 목부위의 유분을 제거한다.

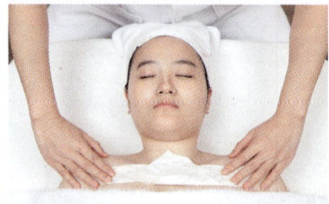
티슈를 접어서 데콜테부분에 티슈를 밀착한다.

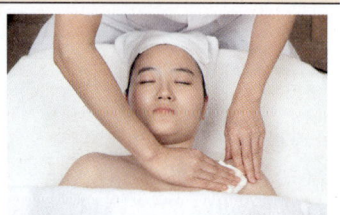
티슈를 반으로 접어서 데콜테부분의 유분을 제거한다.

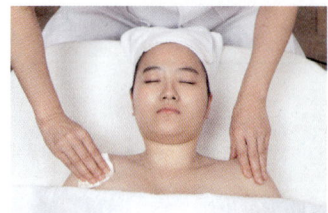
데콜테부분의 유분을 티슈로 제거한다.

⑨ 해면 사용하기

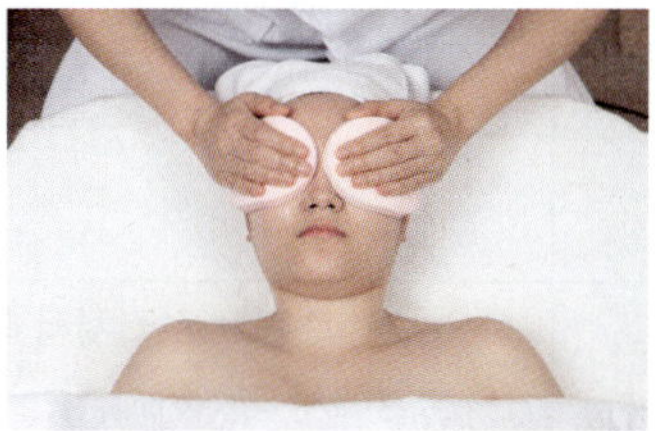

양 손에 해면을 잡고 눈부위에 지긋이 누른다.	눈부위를 일직선으로 닦는다.	손가락을 구부려서 해면을 돌린다.
돌린 해면을 검지로 받쳐서 해면을 잡는다.	해면을 반으로 접어서 코끝에서 이마로 닦는다.	이마부위에서 중앙에서 바깥부분으로 닦는다.
반대편도 같은 방법으로 사용한다.	해면을 다시 돌려 코옆에서 닦을 준비를 한다.	코 옆에서 귀 옆까지 닦는다.
한 손은 코 옆을 잡고 한 손은 코 옆에서 인중으로 반대편도 같은 방법으로 닦는다.	해면을 돌려서 반으로 접어서 입 옆에서 귀 옆으로 닦는다.	턱부위를 귀밑에서 반대편 귀밑까지 닦는다. 반대편도 같은 방법으로 작업한다.

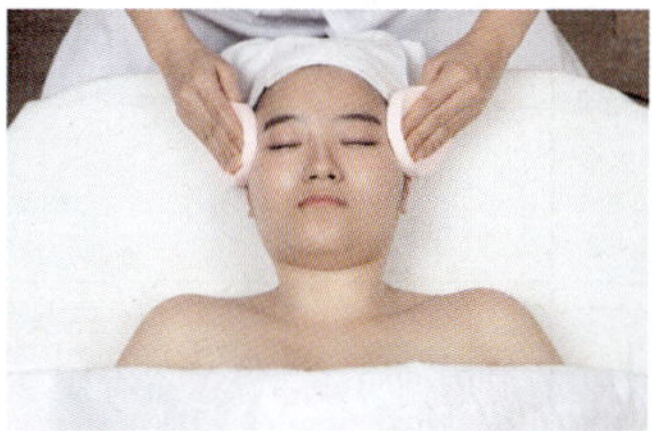

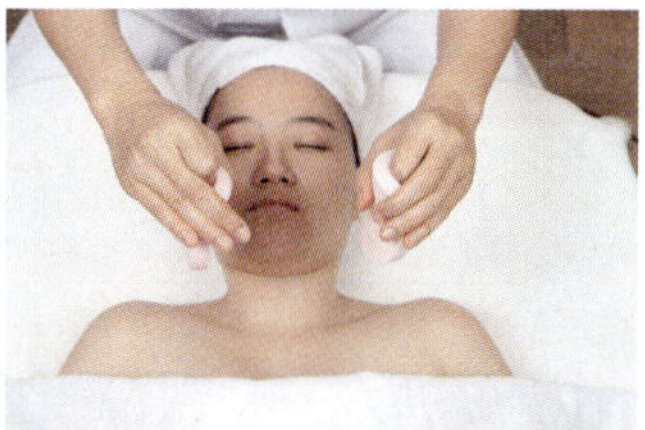

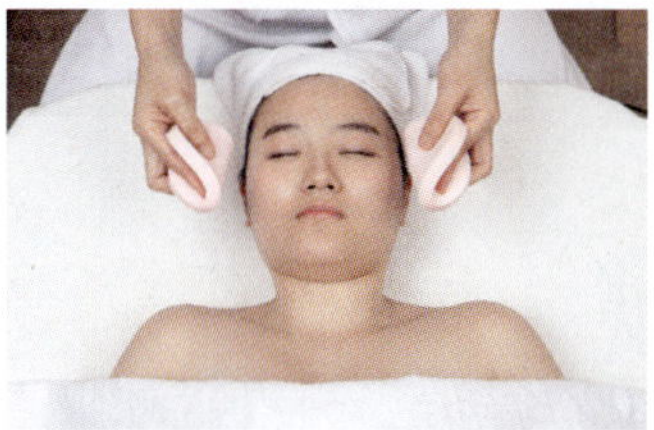

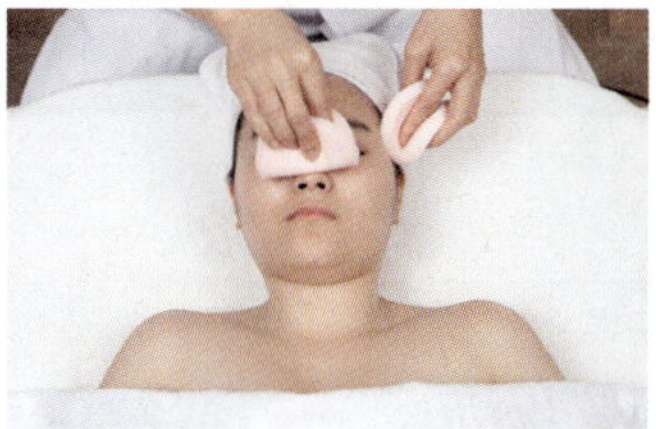

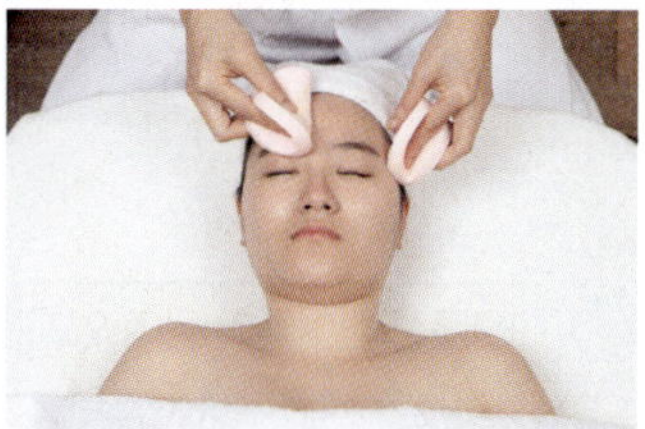

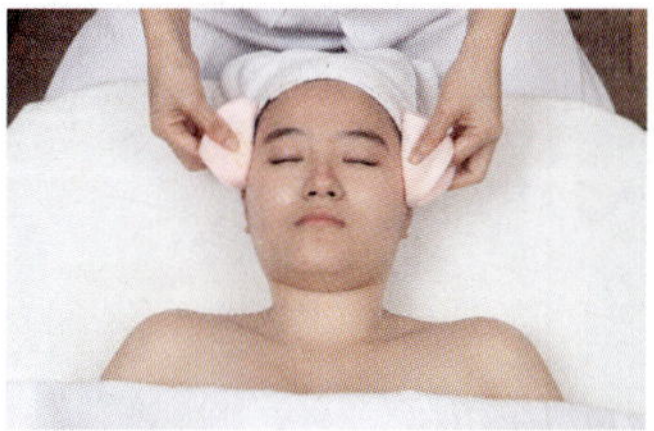

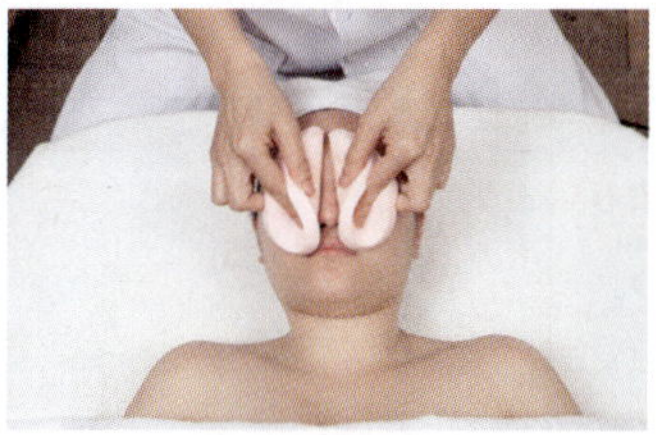

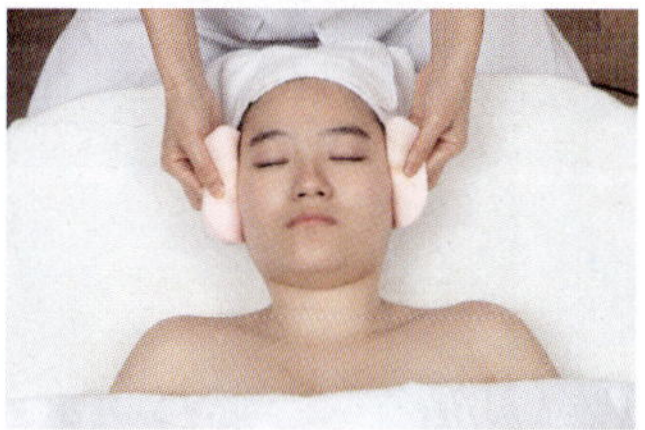

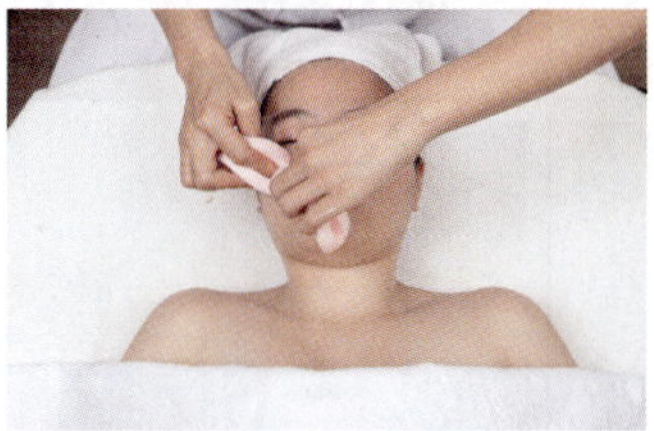

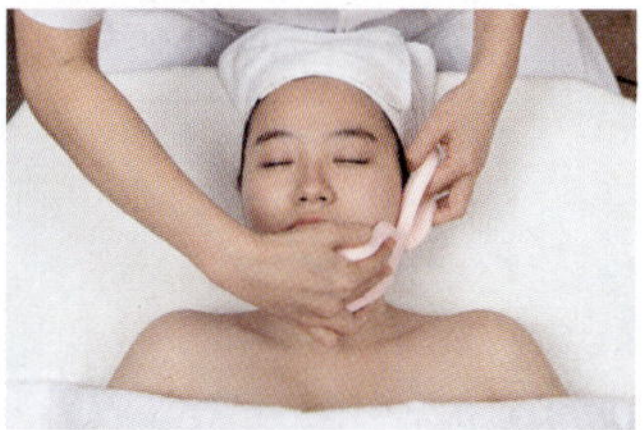

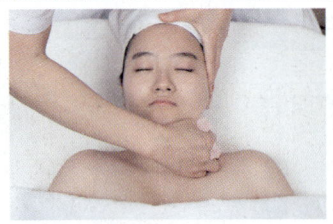
해면을 겹쳐서 목부위를 닦는다.

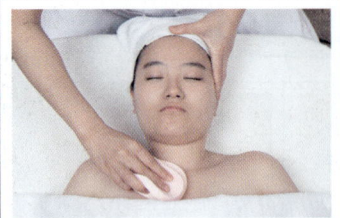
데콜테중앙에서 어깨까지 닦는다.

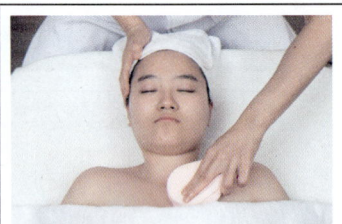
해면을 반대편으로 겹쳐서 데콜테 중앙에서 어깨까지 닦는다.

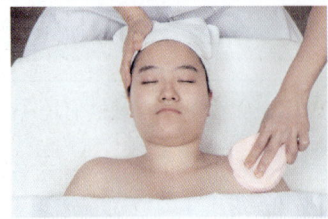
클렌징 잔여물이 남아 있지 않도록 깨끗하게 닦는다.

 온습포 사용하기

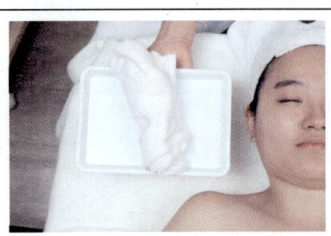
온장고에 있는 온습포를 집게로 이용하여 집어서 쟁반에 가져온다.

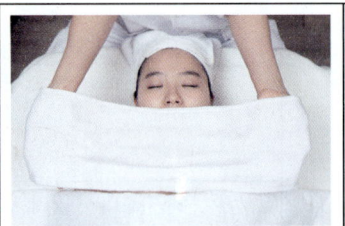
온습포를 펼쳐서 열을 체크한다. 고객의 코 밑에 둔다.

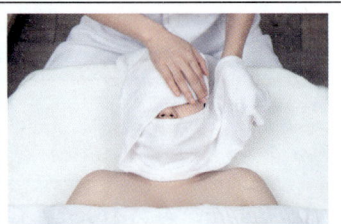
코 밑에서 습포를 삼각으로 접는다.

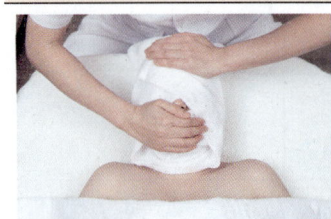
습포가 얼굴에 밀착할 수 있도록 이마와 턱부위, 양볼에 양손을 밀착한다.

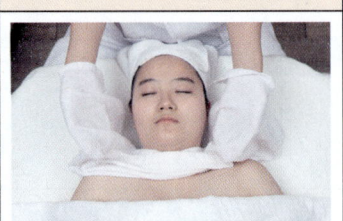
접힌 온습포 사이로 양 손을 집어넣는다.

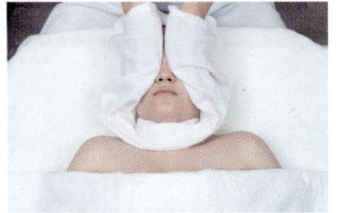
엄지수근부를 이용하여 눈과 이마를 닦는다.

손을 습포 속으로 더 이동한다.
엄지를 이용하여
코옆부위를 한 손씩 닦는다.

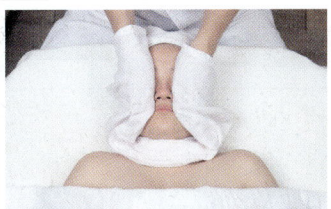
손을 습포안쪽으로 이동 한 후에
엄지수근을 이용하여
코옆에서 귀까지 닦는다.

손을 습포안으로 이동한다.
턱부위를 양방향으로 닦는다.

아래턱을 손바닥을 이용하여
양손을 번갈아가며 닦는다.

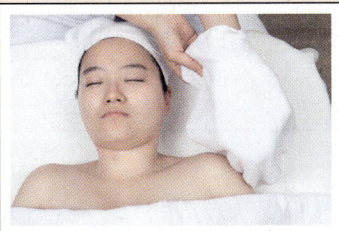
습포를 뒤집어서 한 손으로 감싼다.

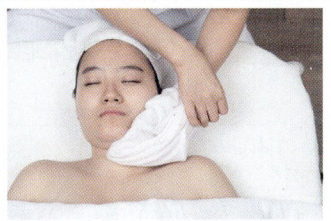
목부위를 닦는다.

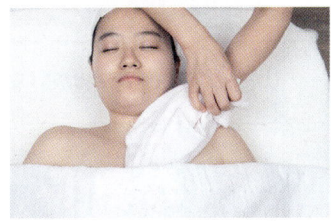
데콜테 중앙에서 어깨까지 닦는다.
반대편도 같은 방법으로 사용한다.

토너 사용하기

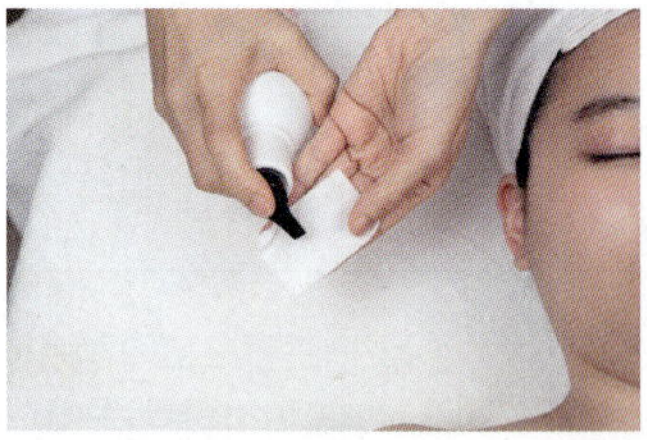

토너를 코튼에 적신다.	코튼을 눈두덩이를 안쪽에서 바깥쪽으로 닦는다. 눈 아래부위도 닦는다. 반대부위도 같은 방법으로 닦는다.	이마부위를 나선형으로 돌리면서 왼쪽에서 오른쪽으로 닦는다.
코옆에서 귀 앞까지 닦는다.	입 끝에서 귀 앞까지 닦는다.	아래턱 중앙에서 귀앞까지 닦는다.
반대 손으로 아래턱 중앙에서 귀앞까지 닦는다.	입옆 → 귀 옆, 코 옆 → 귀 옆까지 닦는다.	인중을 닦는다.
코튼을 뒤집어서 목부위를 닦는다.	데콜테중앙에서 어깨까지 닦는다. 반대편도 같은 방법으로 닦는다.	

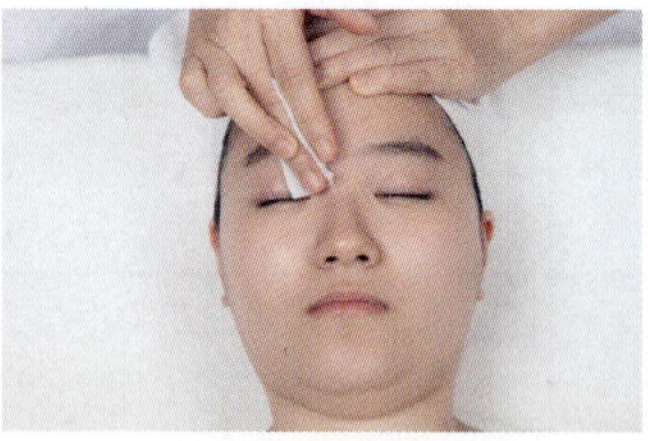

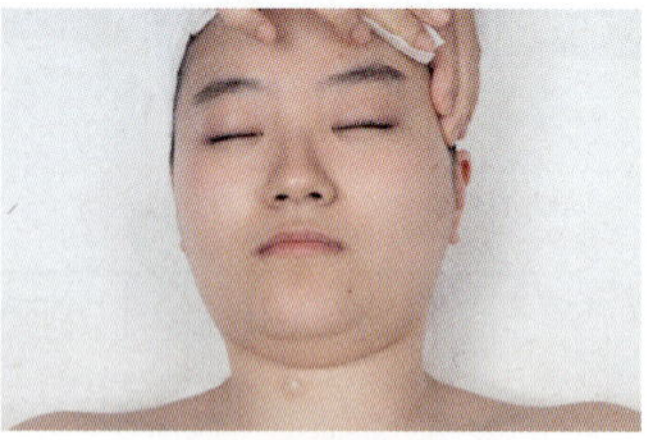

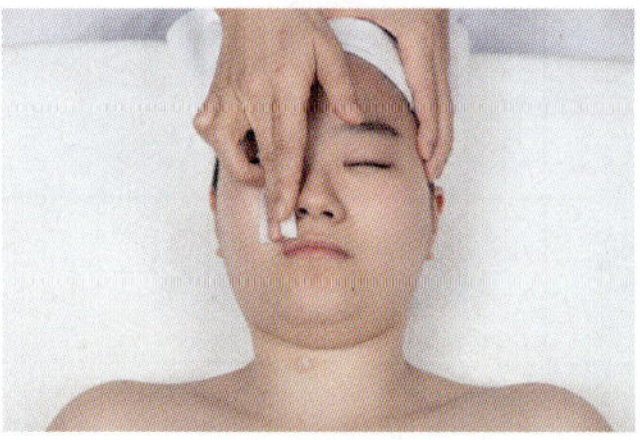

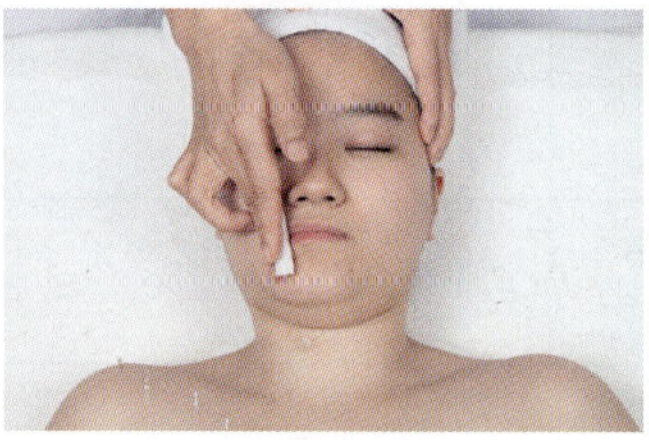

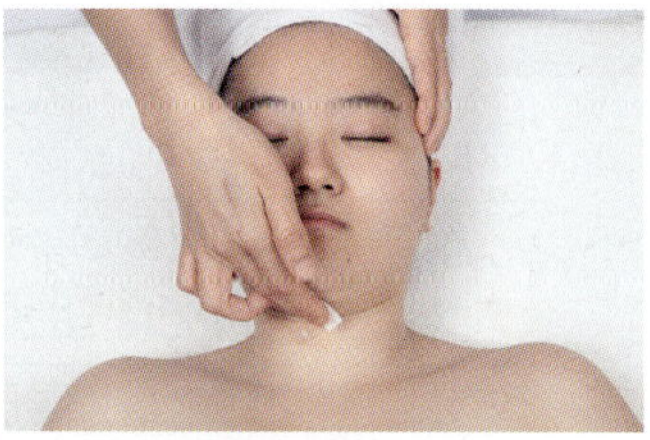

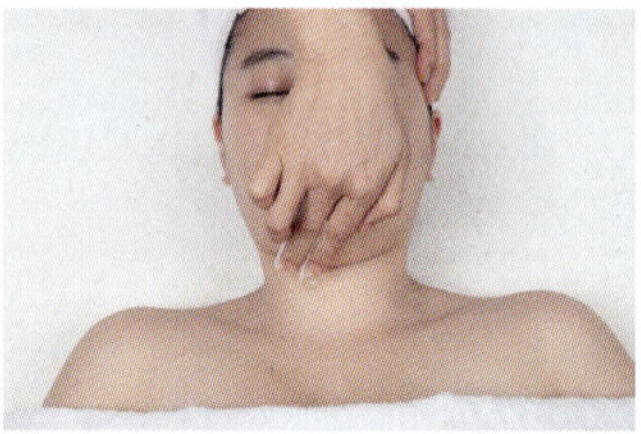

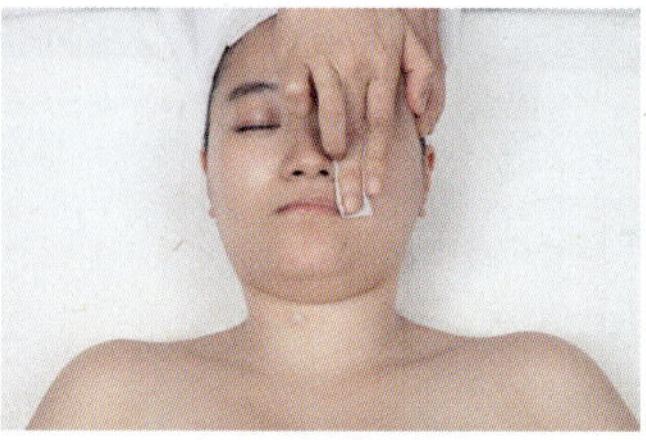

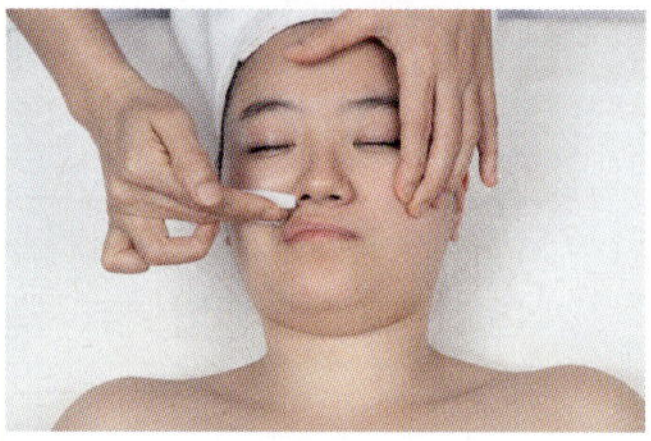

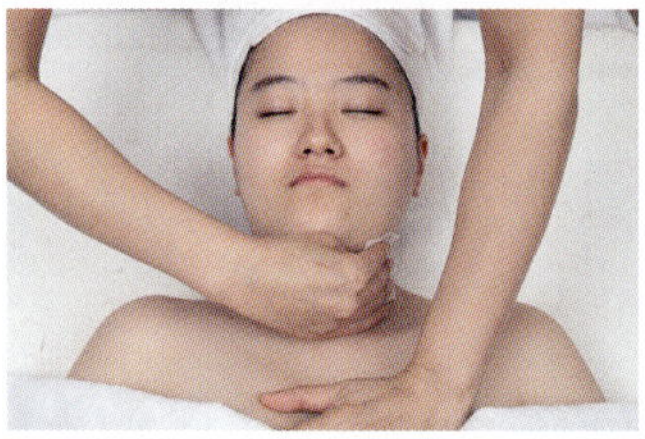

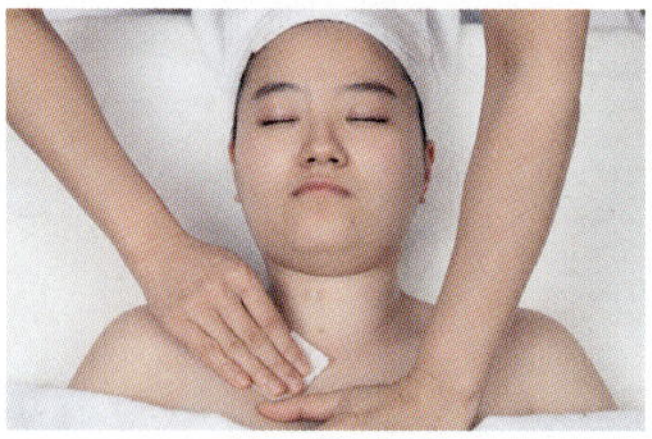

Chapter 03 : 눈썹정리하기

※ 족집게와 가위, 눈썹 칼을 이용하여 얼굴형에 맞는 눈썹모양을 만들고, 보기에 아름답게 눈썹을 정리하시오.
- 족집게를 이용하여 눈썹을 뽑을 때는 감독위원의 입회하에 실시하되, 감독위원의 지시를 따라야 합니다(작업을 하고 있다가 감독위원이 지시하면 족집게를 사용하며, 작업을 하지 않고 기다리지 마세요.).
- 3개 이상만 뽑아내면 됩니다.
- 넓은 면의 잔털과 모양내기는 눈썹 칼을 이용하면 됩니다.
- 눈썹정리 시 제거한 눈썹은 옆에 티슈에 모아 놓았다가 감독위원의 지시에 따라 휴지에 버리시면 됩니다.
- 하나도 없는 경우에는 미리 눈썹 정리를 다 해온 것으로 판단하여 채점 상 불이익을 받을 수 있습니다. 단, 눈썹정리 시 한쪽 눈썹에만 작업해야 합니다.
- 시간 : 5분

① 기구소독하기

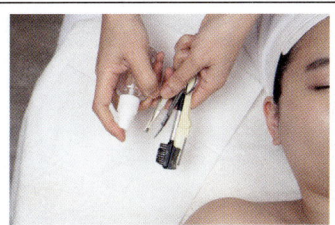	
눈썹칼, 눈썹솔, 족집게, 가위를 소독제로 소독한다.	소독한 기기를 티슈위에 둔다.

② 손 소독하기

③ 눈썹 소독하기

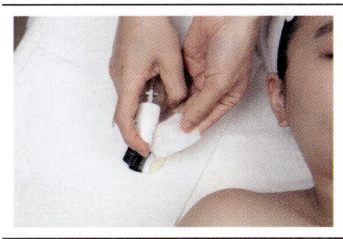	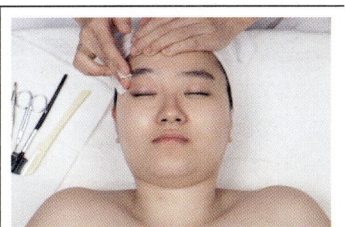
코튼에 소독제를 뿌린다.	코튼을 이용하여 눈썹을 소독한다.

④ 눈썹솔을 이용하여 눈썹을 빗어 눈썹가위로 자르기

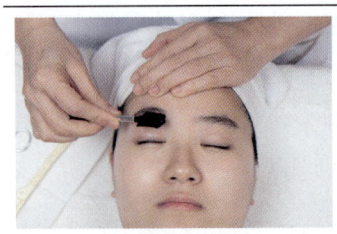 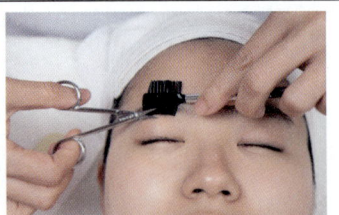

눈썹솔을 이용하여 눈썹결을 다듬는다.	다듬은 눈썹이 긴 것은 가위를 이용하여 자른다.

⑤ 눈썹뽑기

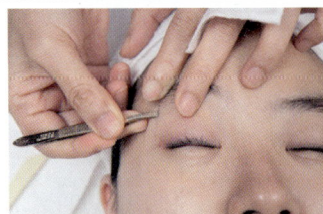 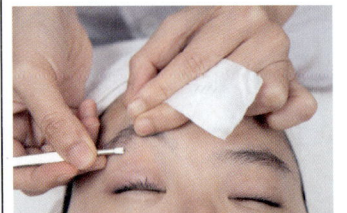

눈썹을 뽑기 전에 손을 들어 감독관을 기다린다. 한 손에 코튼에 쥐고 눈두덩이에 난 눈썹을 텐션을 준다.	텐션을 준 속눈썹을 족집게로 눈썹 난 방향으로 뽑는다. 3개를 뽑는다. 뽑은 속눈썹은 감독관에게 보여준다.

⑥ 눈썹칼을 이용하여 눈썹 정리하기

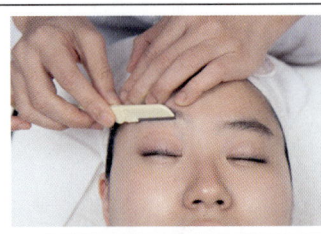 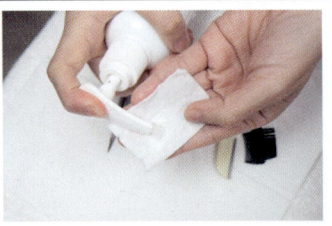 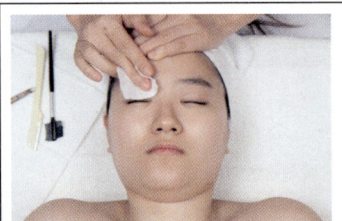

눈썹칼을 이용하여 눈썹모양대로 정리한다.	알로에젤을 코튼에 적용한다.	적용한 코튼을 눈썹에 도포한다.

Chapter 04 : 얼굴 딥클렌징하기

※ 모델의 피부 타입과는 관계없이 4가지 타입 중 당일 지정해주는 제품 타입을 이용하여 관리를 해야 합니다.
- 지정된 타입을 사용하시는 것이므로 목록의 4가지를 모두 준비해야 합니다.
- 각각의 피부타입 별로 따로 더 많이 준비하실 필요는 없습니다.
- 효소는 가루를 물에 개어서 크림상으로 만들어 사용하는 것을 준비하여야 합니다.
- AHA는 액체형으로 준비해야 합니다. 함량표시가 되어 있어야 하며, 함량이 겉으로 표시 안 된 제품을 가져오는 경우 함량을 확인하여 준비하셔야 합니다. 만약 지정된 함량 이상의 것을 사용하였을 때 심한 트러블이 생기는 경우는 수험자에게 귀책이 돌아갑니다. 함량은 10% 이내입니다.
- 시간 : 10분

 효소

1) 효소 만들기

| 유리볼에 효소를 담는다. | 미리 준비한 물을 효소에 담은 유리볼에 넣는다. | 팩브러시를 이용하여 섞는다. |

2) 효소 도포하기

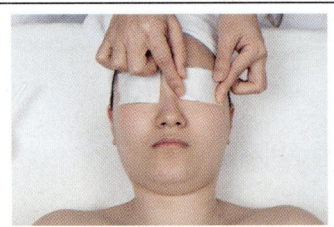
코튼을 이용하여 눈을 덮는다.

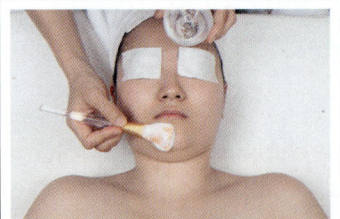
팩브러시를 이용하여 턱선에서 흘러내려가지 않도록 하여 도포한다.

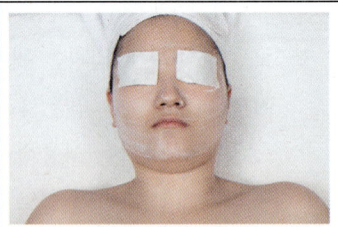
얼굴전체를 도포한다.

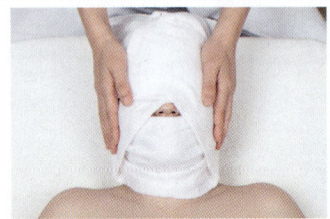
도포 한 후 온습포를 이용하여 얼굴에 덮어둔다.

3) 온습포 제거하기
4) 해면 이용하여 효소 잔여물 제거하기
5) 온습포를 이용하여 잔여물 제거하기
6) 토너 정리하기

 AHA

1) AHA 도포하기

코튼을 이용하여 아이패드를 한다. 유리볼에 AHA를 덜어서 담는다.

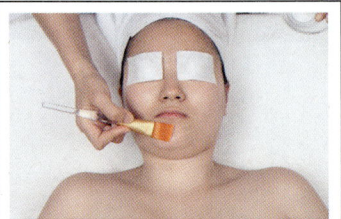
팩브러시를 이용하여 턱선 아래로 흘러내지 않도록 하여 도포한다.

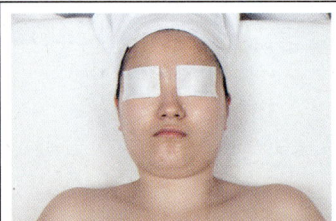
도포한 아하를 그대로 방치한다.

2) 아이패드 제거하기
   관리위원이 "5분 남았습니다."라고 말하면 아이패드를 제거한다.
3) 해면을 이용하여 AHA 제거하기
4) 미리 준비한 냉습포를 이용하여 잔여물 제거하기
5) 토너를 이용하여 얼굴전체를 닦아내기

고마쥐

1) 손 소독하기
2) 고마쥐 적용하기

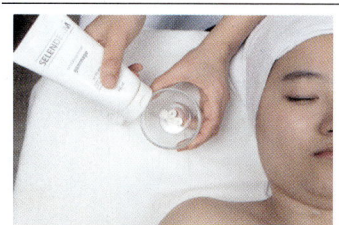
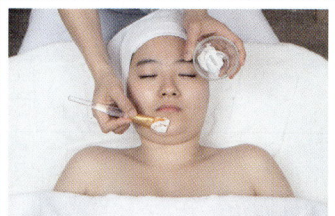
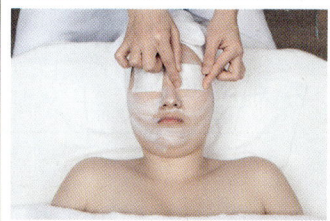

티슈를 얼굴 옆에 깐다. 터번은 귀를 감싼다. 제품을 유리볼에 덜어낸다.	팩브러시를 이용하여 턱선 아래를 제외하고 얼굴전체에 도포한다.	아이패드를 한다. 고마쥐가 마를 때까지 기다린다.

3) 고마쥐 제거하기

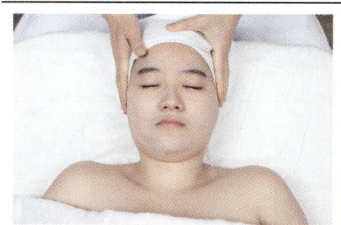
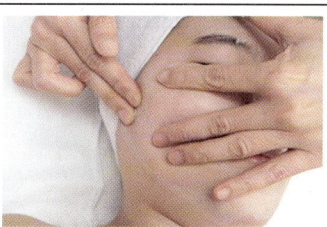
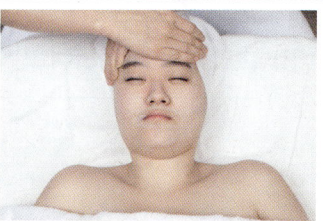

제품이 다 마르면 아이패드를 제거한다.	오른쪽 볼만 고마쥐를 제거할 부분을 텐션을 주어 밀어낸다.	한 쪽 이마를 잡고 이마 전체를 밀어낸다.

4) 물을 이용하여 고마쥐 제거하기

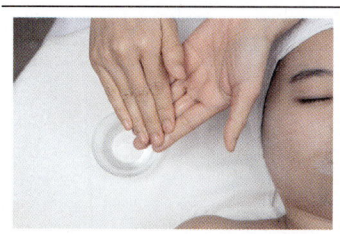
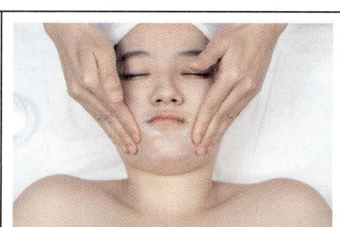
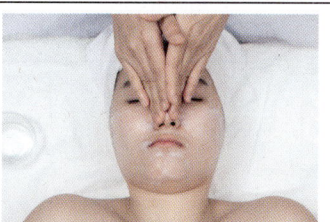

유리볼에 물을 넣어서 손끝으로 물을 적신다.	양볼과 턱부위를 물을 묻혀 문지른다.	코부위도 물을 묻혀 문지른다.

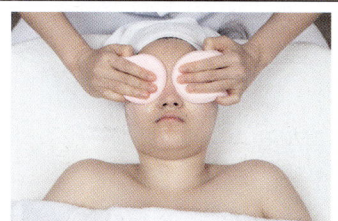

해면을 이용하여 제거한다.

5) 온습포를 이용하여 잔여물 제거하기

6) 토너 정리하기

④ 스크럽

1) 손 소독하기

2) 제품 적용하기

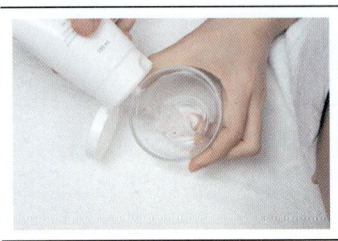
제품을 유리볼에 덜어낸다.

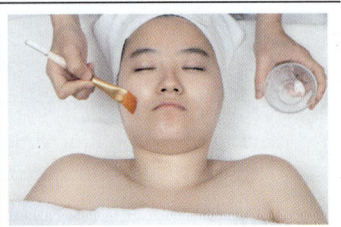
팩브러시를 이용하여 얼굴전체 도포한다.

3) 스크럽을 이용하여 피부에 적용하기

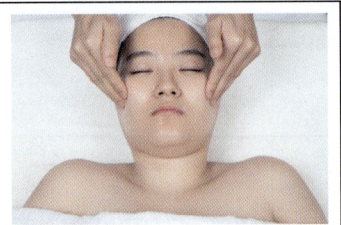
양볼에 있는 스크럽 제품을 양 손가락을 이용하여 나선형으로 그리면서 얼굴의 각질을 제거한다.

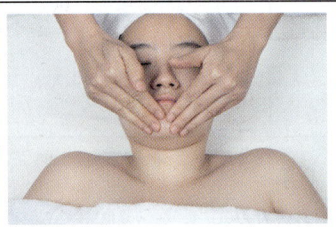
양 손을 이용하여 턱에 있는 각질을 제거한다. 단, 턱 선을 넘어서 내려가면 안 된다.

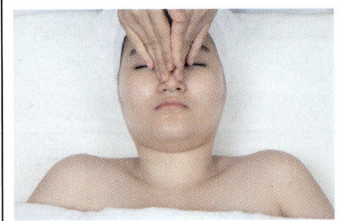
코볼과 코의 각질을 나선형으로 그리면서 제거한다.

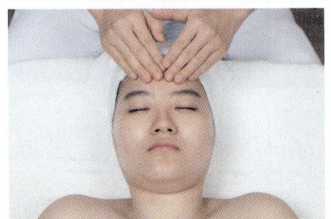
이마의 각질을 양 손으로 나선형으로 그리면서 제거한다.

4) 해면으로 제품 제거하기
   관리위원이 "5분 남았습니다"라고 말하면 해면을 이용하여 각질을 제거한다.

5) 온습포를 이용하여 잔여물 제거하기

6) 토너

Chapter 05-1 : 손을 이용한 관리(매뉴얼테크닉)

※ 화장품(크림 혹은 오일타입)을 관리부위에 도포하고, 적절한 동작을 사용하여 관리한 후, 피부를 정돈하시오.
- 관리범위는 얼굴부터 데콜테(가슴〈breast〉은 제외)까지를 말하며, 겨드랑이 안쪽 부위는 제외합니다.
- 시간 : 15분 (총 작업시간의 90% 이상을 사용합니다.)

① 손 소독하기

② 크림을 유리볼에 덜어낸 후 얼굴에 적용하기

크림을 유리볼에 스파튤라를 이용하여 덜어낸다.

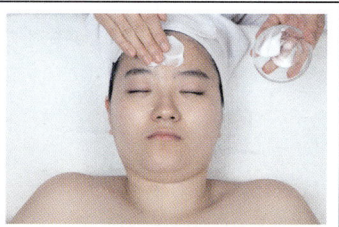

덜어낸 크림을 손을 이용하여 이마에 적용한다.

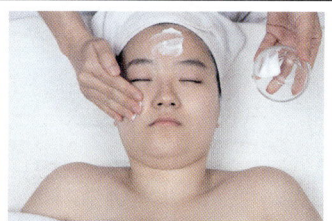

양 볼에 적용한다.

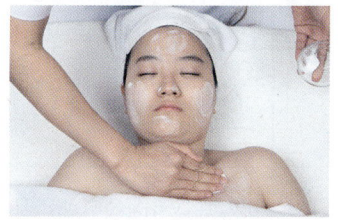

데콜테에 적용한다.

③ 크림도포하기

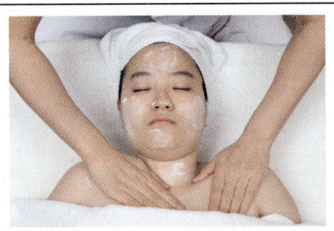
데콜테에 크림을 도포한다.

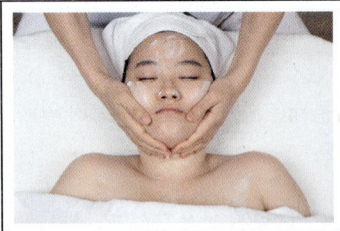
양 손을 이용하여 목부위와 턱라인을 도포한다.

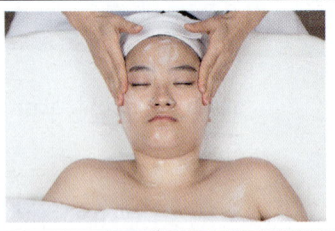
양 볼을 도포한다.

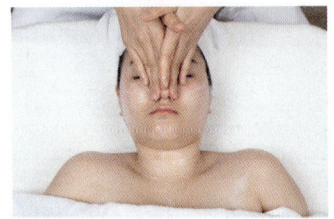
코 부위를 도포한다.

④ 이마 쓸어주기

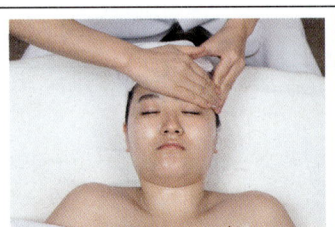
한 손은 측두면을 잡고 한 손은 손바닥 전체를 이마에 대고 일직선으로 쓸어준다.

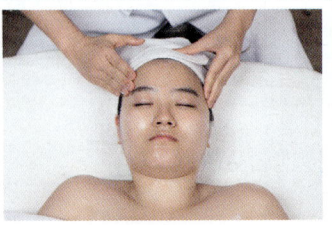
반대편으로 가서 측두면으로 둔다.

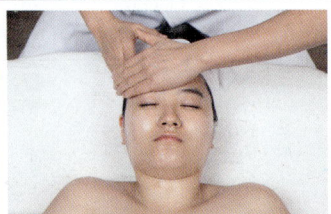
반대손을 이용하여 손바닥 전체를 이마에 대고 일직선으로 쓸어준다.

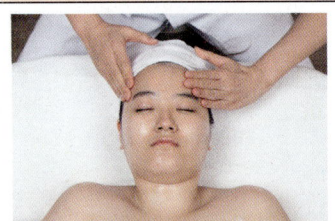
상호 3회 반복한다.

⑤ 이마 x자로 쓸어주기

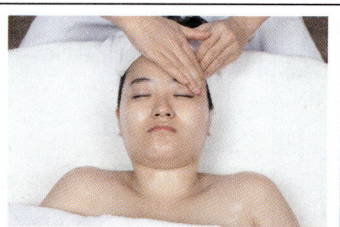
이마부위는 사지를 이용하여 X로 쓸어준다.

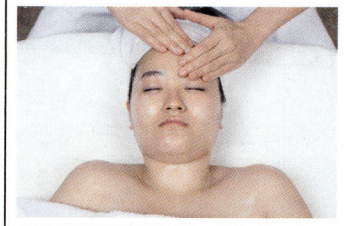
양쪽 번갈아 가며 3회 반복한다.

⑥ 이마 반원 그리기

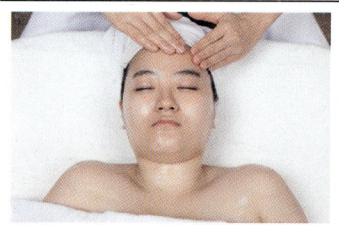
중지와 약지를 이용하여 위아래로 반원을 그려준다.

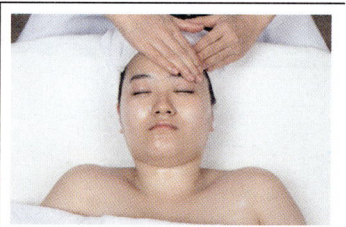
이마를 양쪽 번갈아 가며 3회 반복한다.

⑦ 이마 일직선으로 쓸어주기

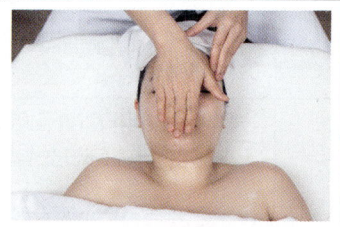
한 손은 관자놀이에 대고 한 손의 수근부를 코끝에 댄다.

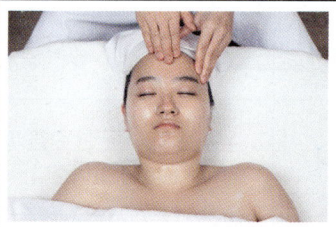
일직선으로 이마끝까지 쓸어준다.

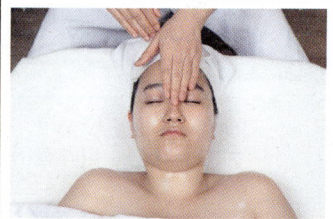
다른 손의 수근부를 코끝에 댄다.

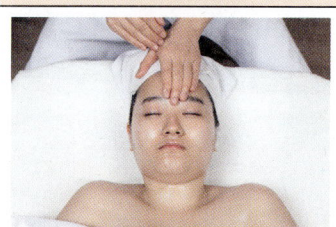
일직선으로 이마끝까지 쓸어준다. 3회 반복한다.

⑧ 이마 V자 나선형으로 쓸어주기

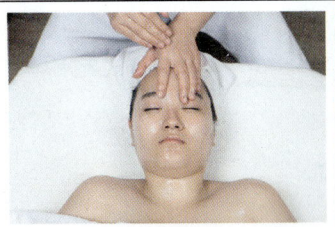
일직선으로 쓸어 올린 후 검지와 중지를 벌려서 텐션을 준다.

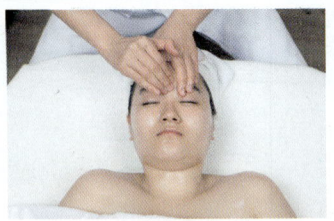
다른 한 손으로 눈썹사이부터 나선형으로 쓸어준다.

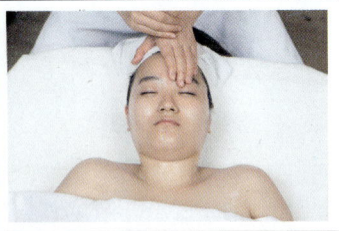
검지와 중지를 붙여 손의 힘을 뺀다.

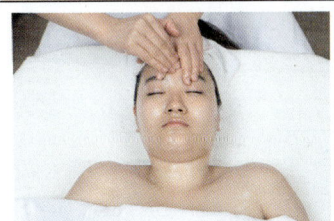
검지와 중지를 벌려서 텐션을 준 후 나선형으로 쓸어준다. 3회 반복한다.

⑨ 눈썹 집어주기

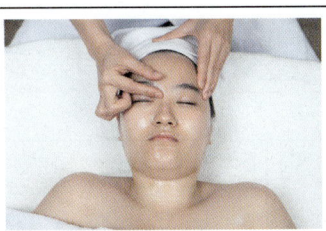
한 손을 눈썹을 따라 쓸어준다.

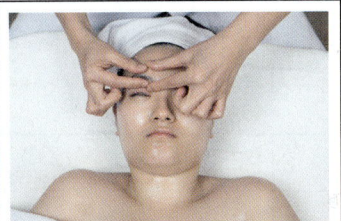
한 손의 다른 한 손을 따라 눈썹을 쓸어준다.

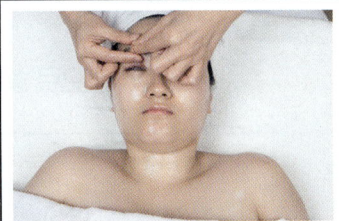
눈썹라인을 따라가며 집어준다. 3회 반복한다. 반대편 눈썹도 같은 방법으로 집어준다.

⑩ 눈 옆 X 쓸어주기

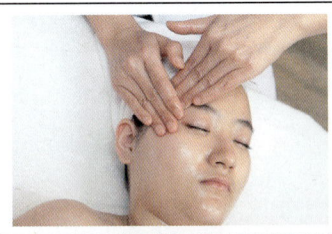
눈 옆을 중지와 검지를 이용하여 X자로 쓸어준다.

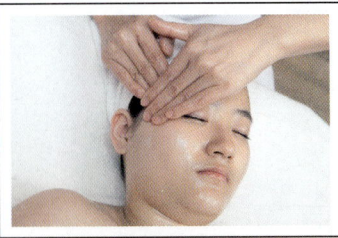
양 쪽 눈 옆을 X 쓸어준다. 한 쪽에 8회 반복한다.

⑪ 눈 주위 8자 돌리기

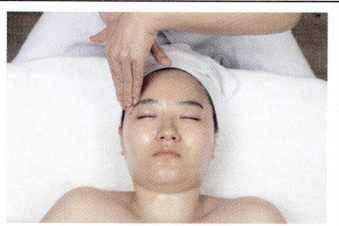
양 손의 모아서 관자놀이에서 시작한다.

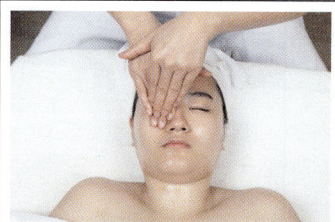
눈 바깥쪽에서 눈 밑으로 양 손을 모아서 쓸어준다.

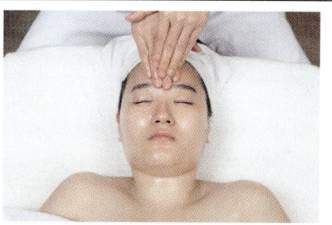
눈 밑에서 눈썹 중앙으로 쓸어준다.

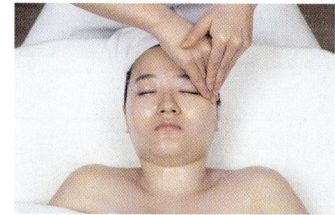
눈썹위로 돌아서 반대편 눈 밑으로 돌아서 눈 주위 8자를 3회 반복하여 돌린다.

⑫ 눈 주위 돌리면서 쓸어주기

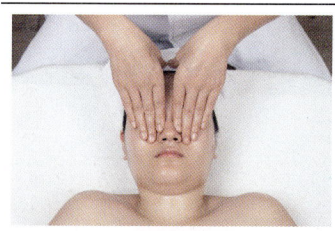
눈 바깥쪽에서 안쪽으로 돌려준다.

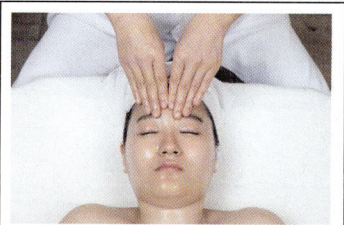
눈 밑에서 코벽을 따라 위로 쓸어준다.

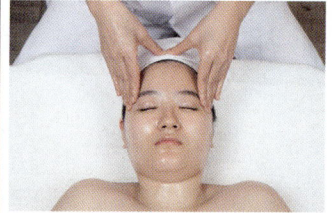
눈썹위로 돌아 눈 바깥쪽에서 안쪽으로 쓸어준다.

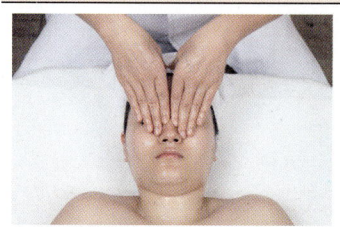
6회 반복한다.

⑬ 팔자주름 쓸어주기

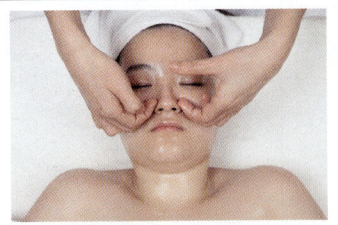
눈 옆을 중지와 검지를 이용하여 X자로 쓸어준다.

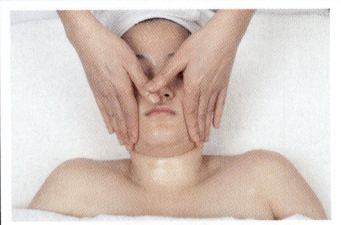
양 쪽 눈 옆을 X자로 쓸어준다. 한 쪽에 8회 반복한다.

⑭ 팔자주름 나선형 쓸어주기

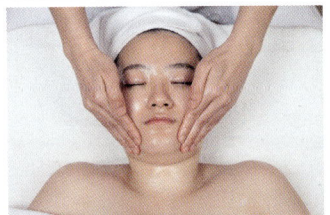
팔자주름이 끝나는 지점에서 나선형으로 그리며 쓸어준다.

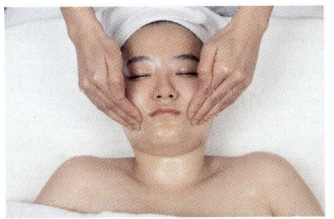
나선형으로 그리면서 코 옆까지 올라가면서 쓸어준다.

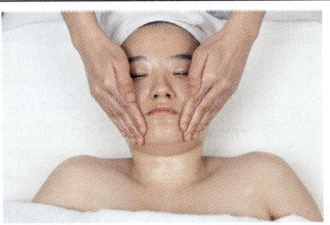
코 옆에서 팔자주름이 끝나는 턱선까지 나선형으로 쓸어준다.

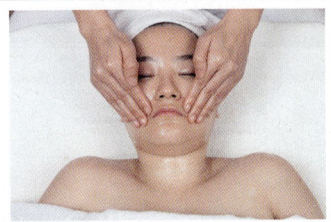
같은 방법으로 3회 반복한다.

⑮ 팔자주름 손가락을 이용하여 가볍게 두드리기

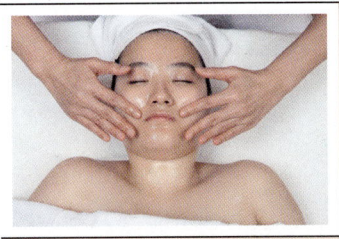
손가락을 이용하여 코 옆에서 내려가며 가볍게 두드린다.

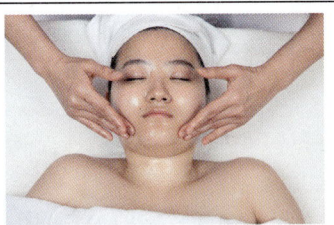
턱선에서 팔자주름을 따라 코 옆으로 올라가면서 가볍게 두드린다. 3회 반복한다.

⑯ 코등 쓸어주기

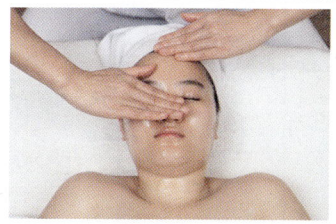
손가락을 이용하여 코 옆에서 내려가며 가볍게 두드린다.

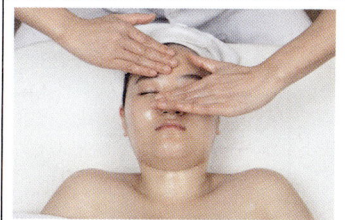
턱선에서 팔자주름을 따라 코 옆으로 올라가면서 가볍게 두드린다. 3회 반복한다.

⑰ 볼 3등분 하여 나선형으로 쓸어주기

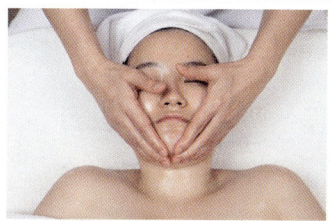
턱선에서 시작하여 나선형으로 그리면서 쓸어준다.

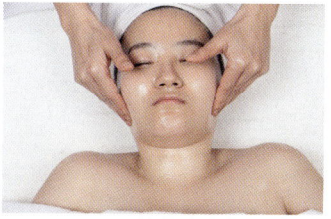
턱선에서 귀옆까지 나선형으로 쓸어준다.

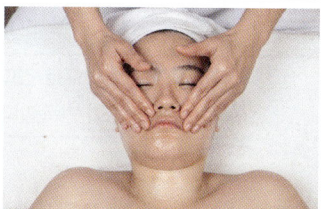
입옆에서 나선형으로 그리면서 쓸어준다.

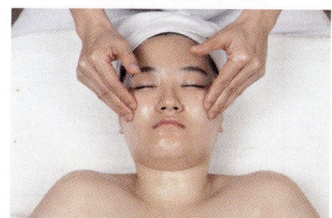
귀 중앙 앞까지 나선형으로 쓸어준다.

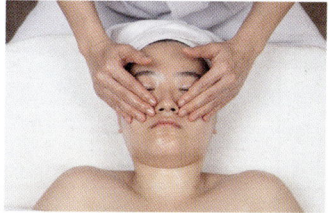
코 옆에서 나선형으로 그리면서 쓸어준다.

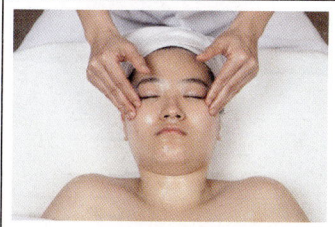
관자놀이까지 나선형으로 쓸어준다. 3회 반복한다.

⑱ 턱선 반죽하기

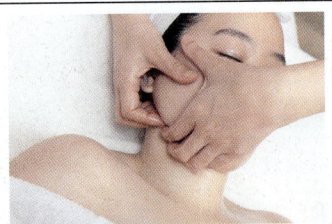
사지를 턱에 받히고
엄지를 볼 위에서 겹친다.

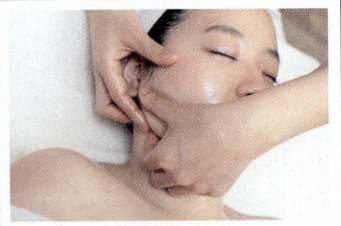
한 엄지는 들고
엄지를 턱선으로 내린다.

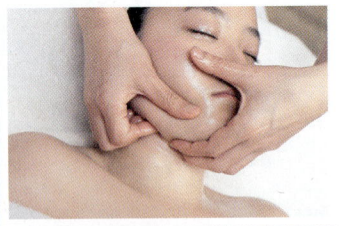
다른 엄지도 턱선으로 내린다.

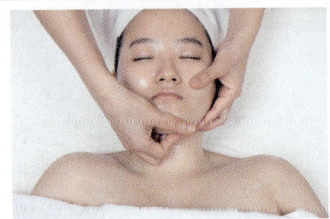
턱선따라 반대편으로 갔다가
돌아온다. 3회 반복한다.

⑲ 턱선 따라 쓰다듬기

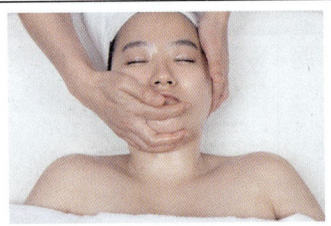
검지와 중지를 턱선중앙에 끼운다.

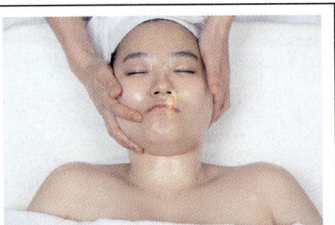
턱선따라 귀앞까지 쓸어준다.

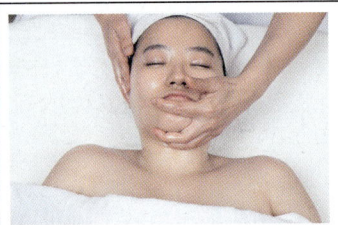
반대 손도 검지와 중지를
턱선중앙에 끼운다.

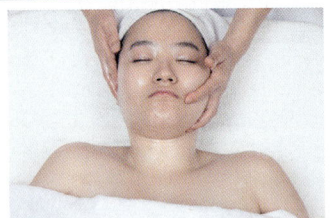
턱선따라 귀앞까지 쓸어준다.
양 방향으로 3회 반복한다.

⑳ 흔들어주기

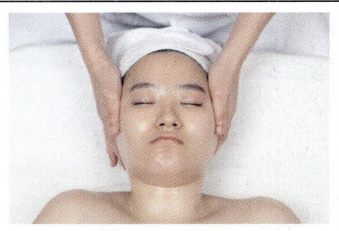
양 손을 귀 앞에 붙인다.

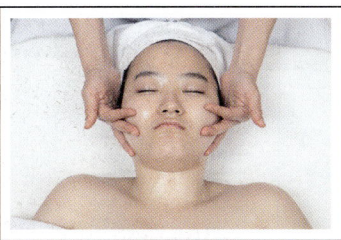
검지부터 차례로 올려준다.

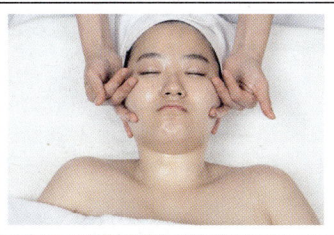
검지, 중지, 약지 순으로 올려준다.

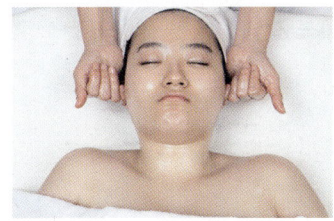
소지까지 올려주고 같은 방법으로 6회 반복한다.

㉑ 눈밑과 턱선 쓸어주기

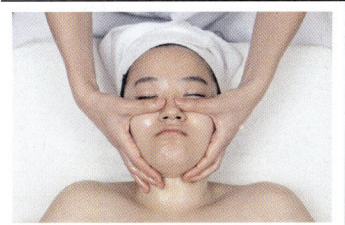
엄지는 눈 밑에 사지는 턱 선에 댄다.

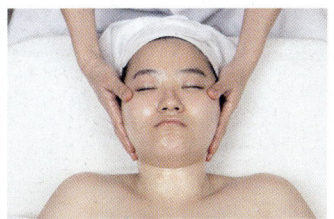
눈안쪽에서 눈가까지 쓸어준다.

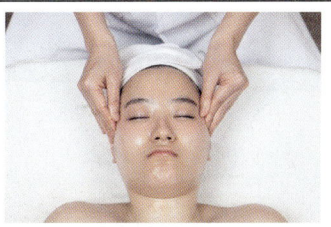
사지는 턱선따라 관자놀이까지 쓸어준다.

㉒ 얼굴전체 두드리기

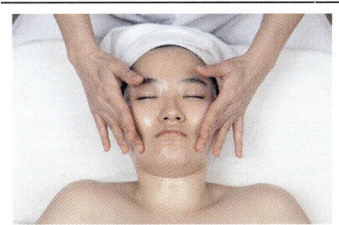
얼굴 전체를 손가락을 이용하여 두드린다.

얼굴전체 쓰다듬기

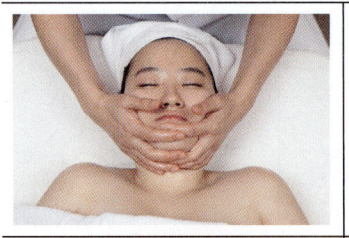
손바닥전체를 턱과 아래턱을 감싼다.

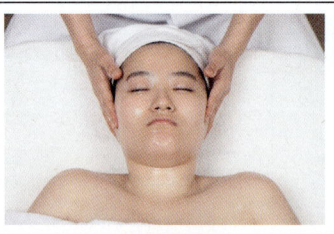
귀 앞까지 쓸어준다.

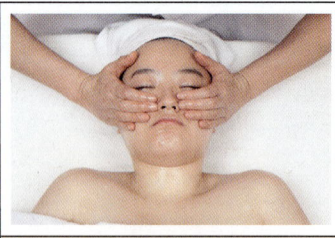
양 볼을 감싼다.

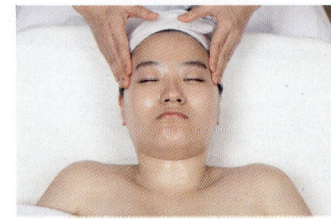
관자놀이까지 쓸어준다.

Chapter 05-2 : 데콜테 매뉴얼테크닉하기

1) 목선 따라 데콜테 쓸어서 펴 바르기

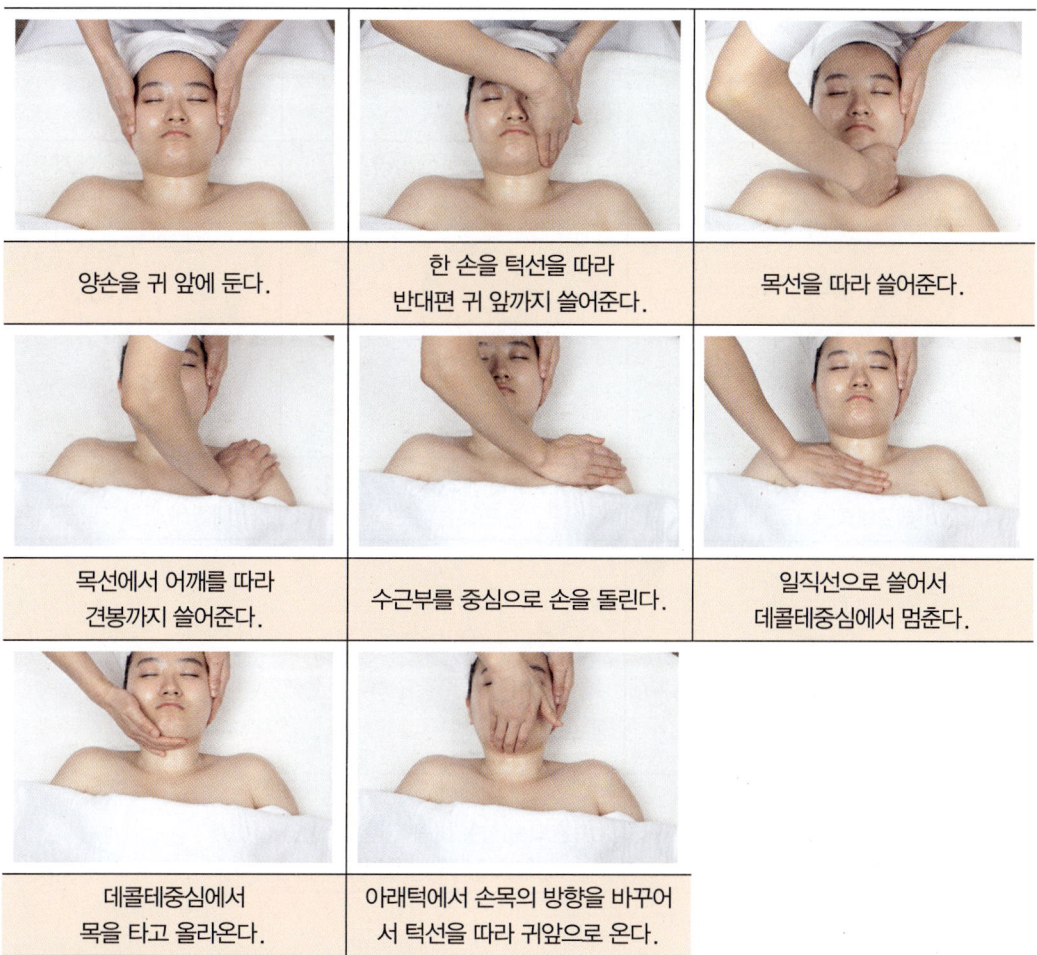

양손을 귀 앞에 둔다.	한 손을 턱선을 따라 반대편 귀 앞까지 쓸어준다.	목선을 따라 쓸어준다.
목선에서 어깨를 따라 견봉까지 쓸어준다.	수근부를 중심으로 손을 돌린다.	일직선으로 쓸어서 데콜테중심에서 멈춘다.
데콜테중심에서 목을 타고 올라온다.	아래턱에서 손목의 방향을 바꾸어서 턱선을 따라 귀앞으로 온다.	

- 반대편도 같은 방법으로 실시한다.
- 3회 반복한다.

2) 턱선 따라 데콜테 쓸어서 펴 바르기

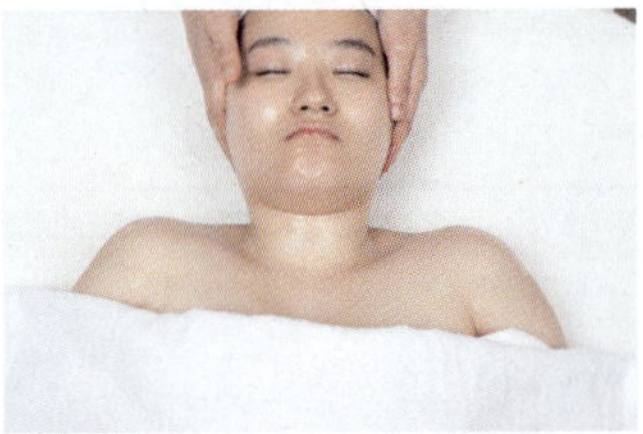 양손을 귀 앞에 둔다.	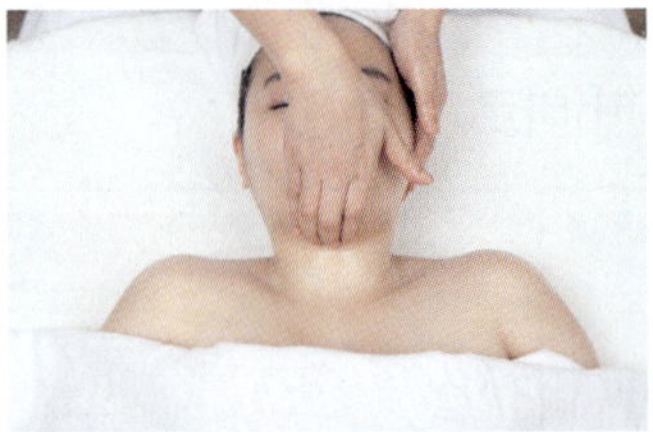 한 손을 턱선 따라 턱중앙으로 온다.	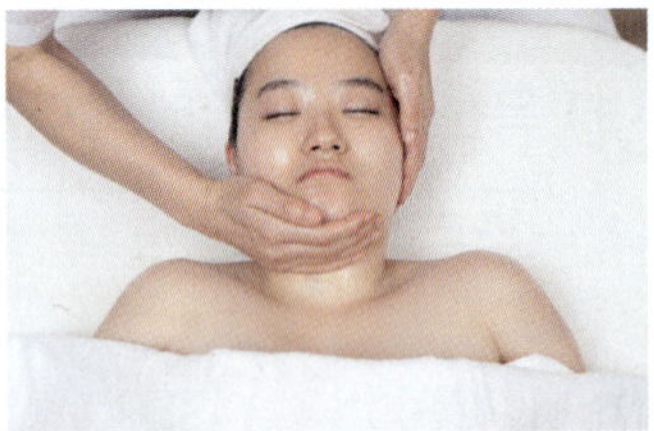 턱 중앙에서 손의 방향을 바꾸어 준다.
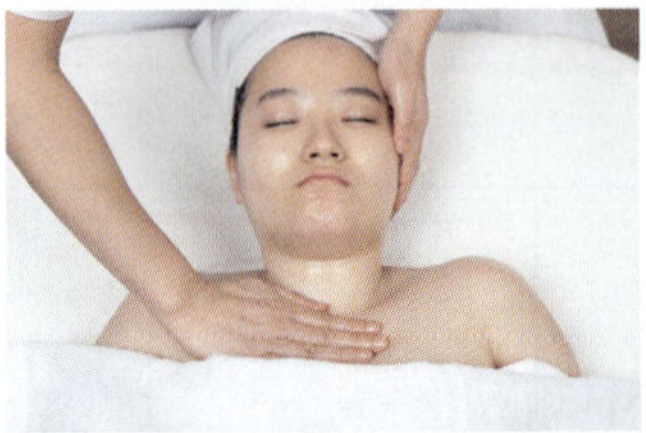 목선을 따라 데콜테중앙으로 내려간다.	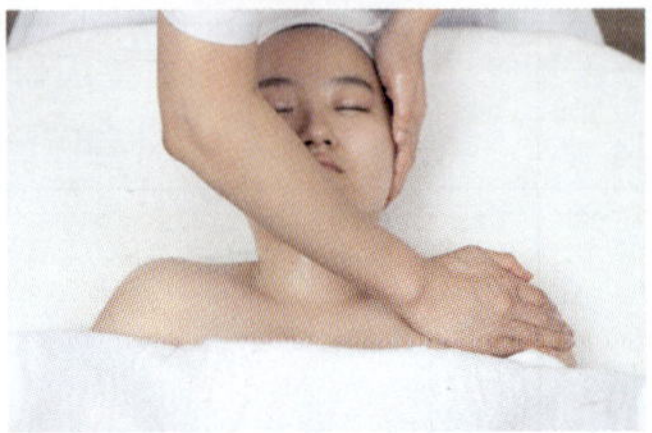 데콜테 중앙에서 견봉으로 쓸어준다.	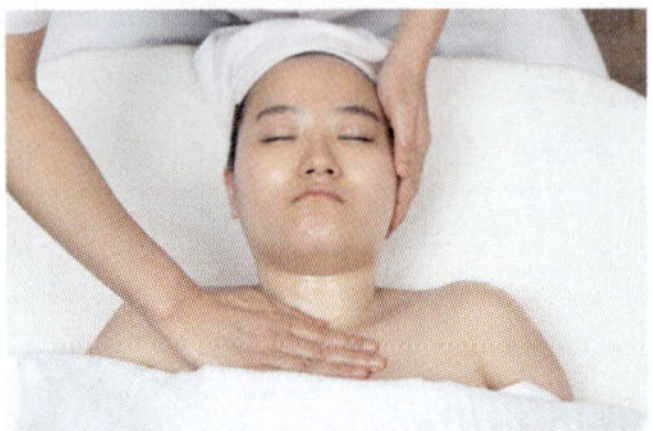 견봉에서 다시 데콜테 중앙으로 돌아온다.
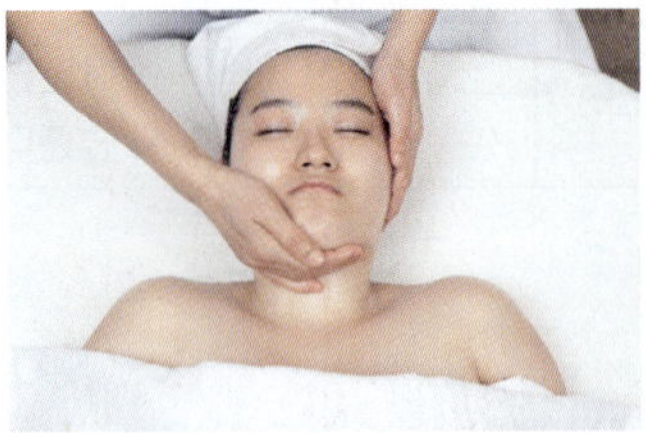 목선을 따라 턱 중앙으로 올라간다.	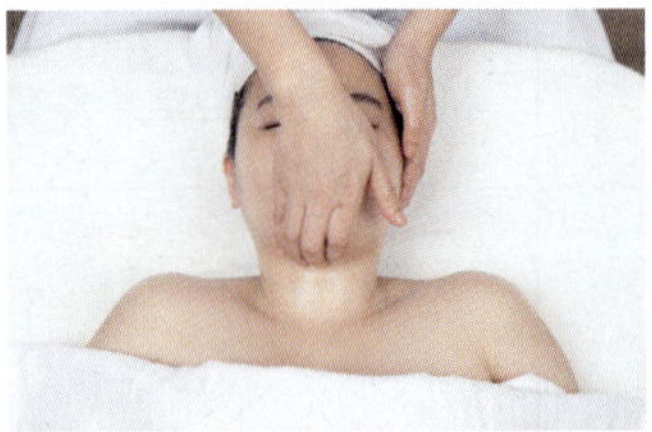 턱 중앙에서 손의 방향을 바꾸어 준다. 양방향 3회 실시 한다.	

3) 턱선따라 목 늘려주기

4) 데콜테 양 방향으로 쓸어서 펴 바르기

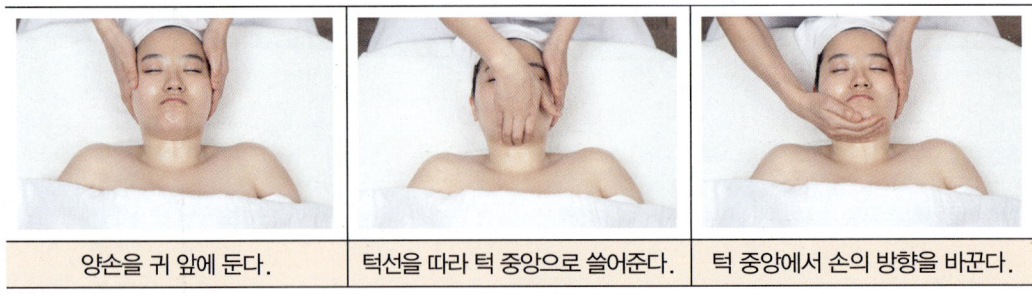

양손을 귀 앞에 둔다.	턱선을 따라 턱 중앙으로 쓸어준다.	턱 중앙에서 손의 방향을 바꾼다.

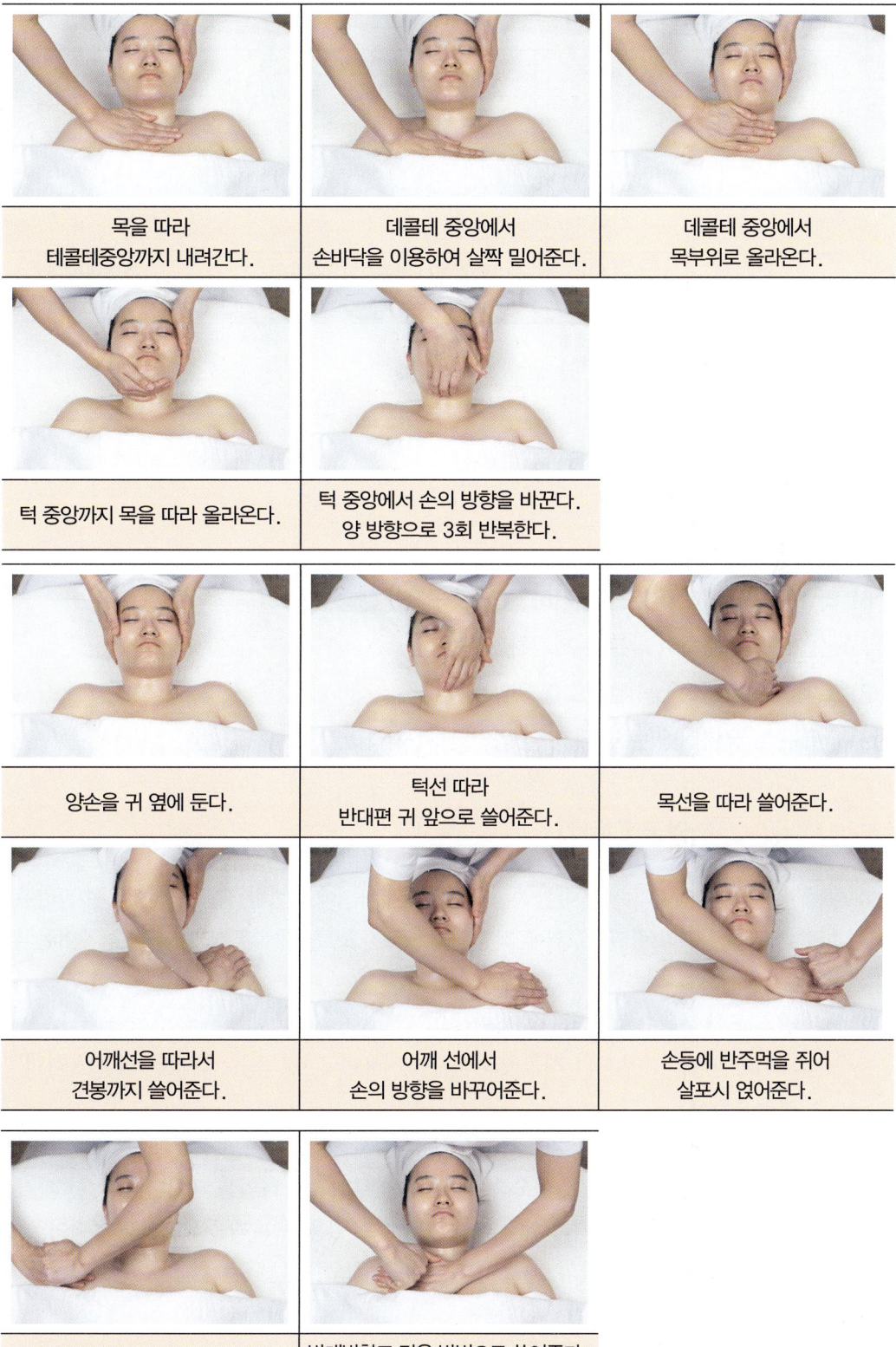

5) 데콜테 나선형으로 쓸어주기

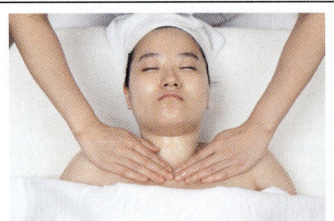
양손을 데콜테 중앙에 둔다.

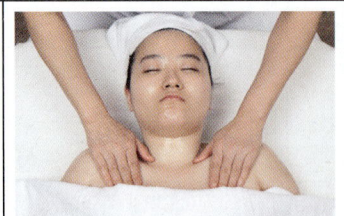
중앙에서 바깥방향으로 나선형으로 쓸어준다.

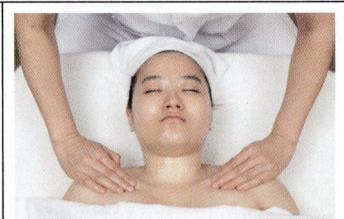
3회 반복한다. 목선을 따라 쓸어준다.

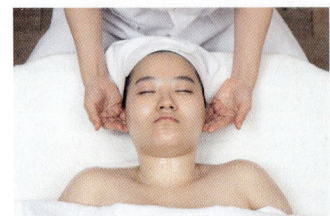
귀 앞에 가서 마무리를 한다.

6) 티슈를 이용하여 유분을 제거하기
7) 온습포를 이용하여 유분을 제거하기
8) 토너를 이용하여 pH 밸런스를 맞추어 주기
9) 감독관이 유분이 있는지 체크 할 동안 잠시 기다리기

Chapter 06 : 얼굴 팩하기

※ 팩을 위한 기본 전처리를 실시 한 후, 제시된 피부타입에 적합한 제품을 선택하여 관리부위에 적합한 제품을 선택하여 관리부위에 적당량을 도포하고, 일정시간 경과 뒤 팩을 제거한 후, 피부를 정돈하시오.
  – 팩을 도포한 부위는 코튼으로 덮지 마세요.
  – 요구되는 피부타입에 따라 제품을 선택하여 사용하고, 붓 또는 스파튤라를 사용하여 관리 부위에 도포하시오.
  – 시험장에서 지정해 주는 얼굴과 목 타입에 맞는 제품을 사용하면 됩니다.
  – 얼굴에서 T 존과, U 존, 그리고 목 부위의 세 부위별로 타입을 제시(전체가 한 가지 타입이 될 수도 있고, 세 부위가 각각 다른 타입이 될 수도 있음)하여 팩을 도포하도록 되어 있습니다.
  – 시간 : 10분 (총 작업시간의 90% 이상을 사용하시오.)

① 손 소독하기

② 아이크림을 이용하여 아이와 립 도포하기

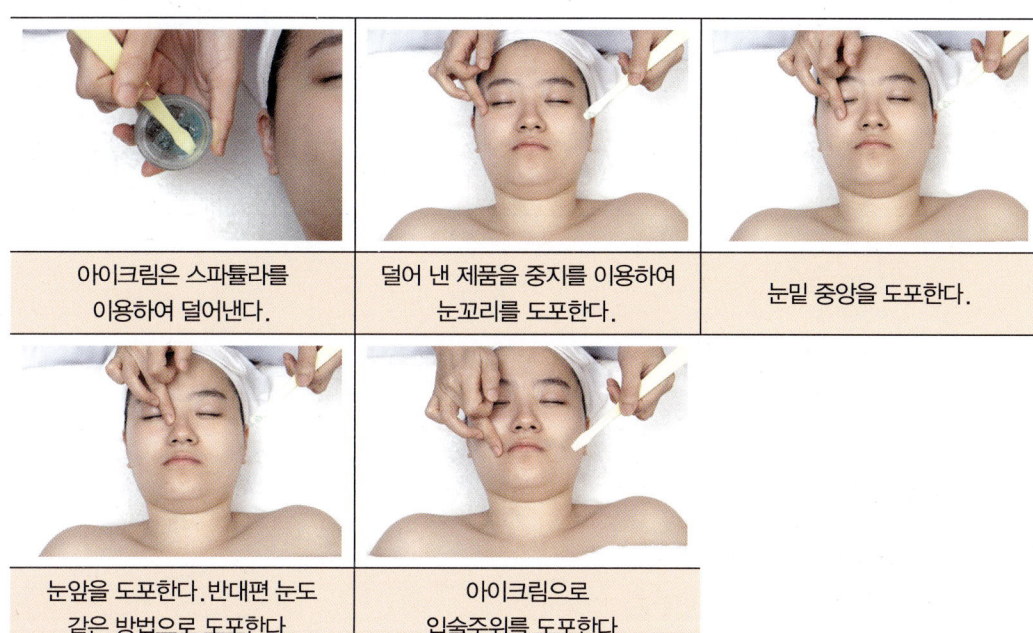

| 아이크림은 스파튤라를 이용하여 덜어낸다. | 덜어 낸 제품을 중지를 이용하여 눈꼬리를 도포한다. | 눈밑 중앙을 도포한다. |
| 눈앞을 도포한다. 반대편 눈도 같은 방법으로 도포한다. | 아이크림으로 입술주위를 도포한다. | |

③ 제품을 유리볼에 덜어내기

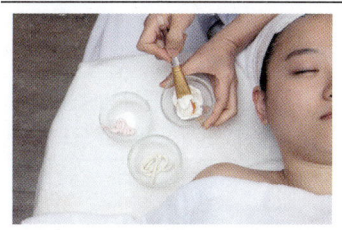

제품을 유리볼에 덜어낸다.

④ U존 도포하기

팩브러시를 이용하여 아래턱 중심에서 귀 밑까지 도포한다.

턱 중앙에서 귀 앞까지 도포한다.

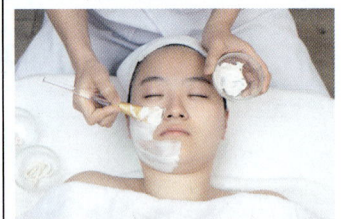
코벽 옆에서 관자놀이까지 도포한다.

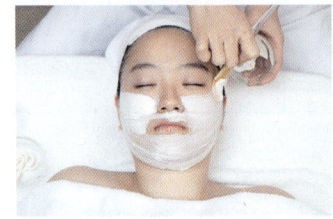
양쪽 모두 도포한다.

⑤ T존 도포하기

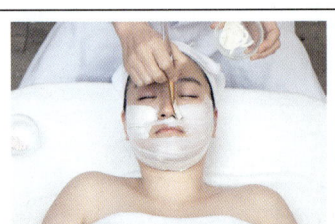
팩브러시를 이용하여 코 벽에 시작하여 코등으로 도포한다.

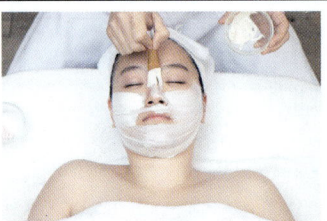
코등에서 이마까지 도포한다.

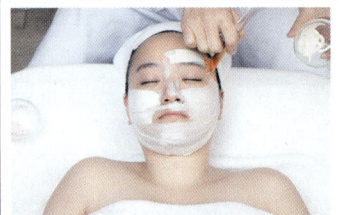
눈썹 위에서 방향을 틀어서 관자놀이까지 도포한다.

반대방향도 같은 방법으로 도포하고 이마전체 도포한다.

⑥ 목부위 도포하기

목의 끝부분에서 시작하여 가로로 도포한다.

목전체를 도포한다.

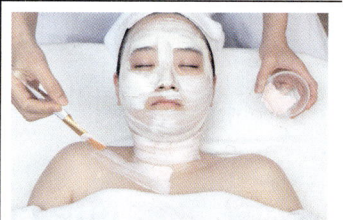
쇄골중앙에서 쇄골끝까지 도포한다.

쇄골아래 3cm까지 도포하여 돌아서 U존까지 도포한다.

⑦ 아이패드하기

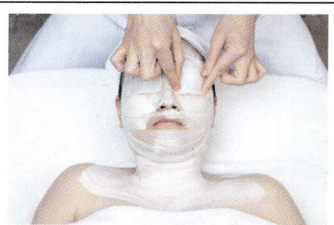
코튼을 이용하여 아이패드를 한다.

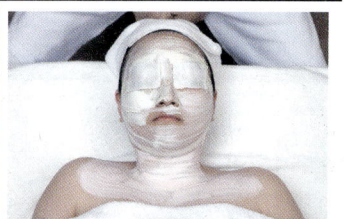
아이패드 한 후 관리위원이 "5분 남았습니다"라고 말할 때까지 기다린다.

⑧ 해면을 이용하여 팩 제거하기

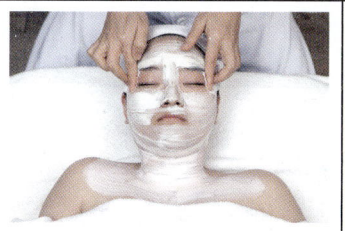
아이패드를 제거한다.

해면을 이용하여 팩을 제거한다.

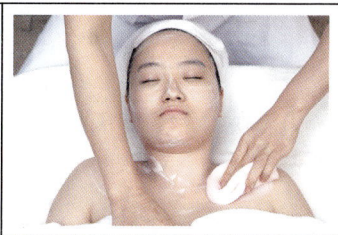
데콜테까지 깨끗하게 제거한다.

⑨ **습포를 이용하여 제거하기**

마스크를 하지 않으면 냉습포를 사용하나, 마스크를 해야 하기 때문에 온습포를 사용해도 무방하다.

⑩ **토너 도포하기**

Chapter 07 : 얼굴 마스크하기

※ 마스크를 위한 전처리를 실시한 후, 지정된 제품을 선택하여 관리부위에 작업하고, 일정시간 경과 뒤 마스크를 제거한 다음 피부를 정돈한 후 최종마무리와 주변 정리를 하세요.
  – 마스크 작업 부위는 얼굴에서 목 경계부위까지로 작업 시 코와 입을 호흡할 수 있도록 합니다. 제시된 지정 마스크만 사용하세요.
  – 시간 : 20분 (총 작업시간의 90% 이상을 사용하시오.)

① **모델링 마스크**

1) 손 소독하기
2) 아이크림을 이용하여 아이와 립부위 도포하기
3) 아이패드하기
4) 고무볼에 마스크 섞기

고무볼에 마스크를 넣는다.

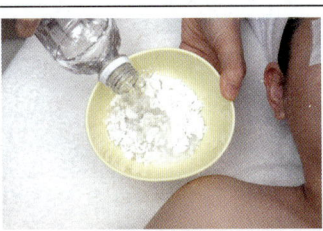
준비된 물을 이용하여 1:1 비율로 넣는다.

스파튤라를 이용하여 걸죽하게 섞는다.

5) 얼굴에 도포하기

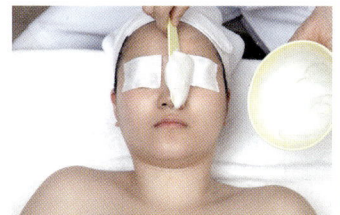
스파튤라을 이용하여 눈 먼저 도포한다.

아이패드가 떨어지지 않도록 하여 도포한다.

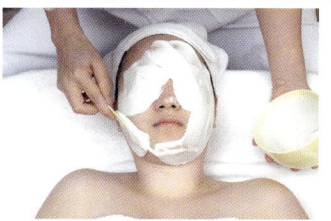
아래턱까지 도포한다.

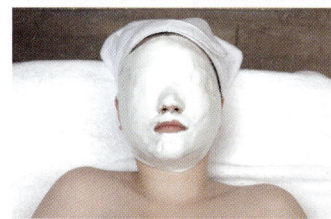
끝부분을 두껍게 도포하여 떼어낼 때 잘 떨어지도록 한다.

6) 마스크가 마를 때까지 주변정리를 하기
7) 마스크 제거하기

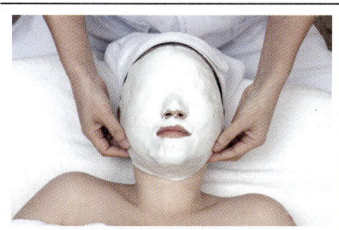
아래부분을 양손으로 잡는다.

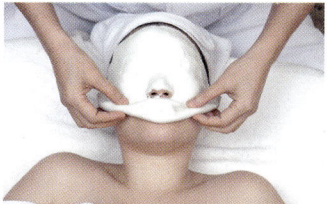
마스크를 돌돌 말아서 제거한다.

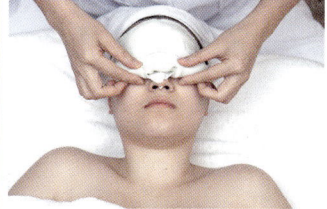
코 끝부위가 잘 떨어지도록 제거한다.

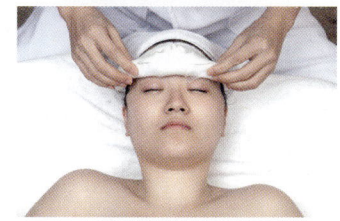
이마부위도 제거한다.

8) 해면을 이용하여 잔여물을 제거하기
9) 냉습포를 이용하여 잔여물을 제거하기
10) 토너를 이용하여 닦아주기
11) 아이크림 도포하기

12) 수분크림 도포하기

스파튤라를 이용하여 수분크림을 덜어낸다.

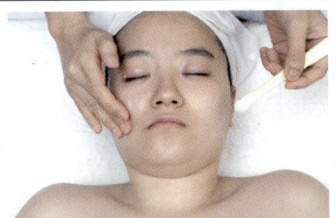
양 볼과 코, 이마, 턱에 적용한다.

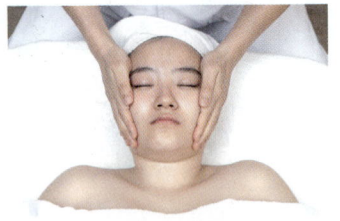
손바닥을 이용하여 양 볼과 코에 도포한다.

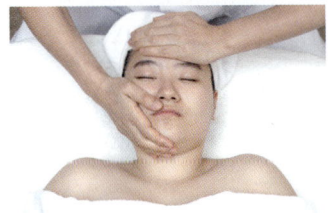
이마와 턱을 도포한다.

 석고 마스크

1) 손 소독하기
2) 아이패드하기
3) 베이스크림 도포하기

베이스크림을 유리볼에 덜어낸다.

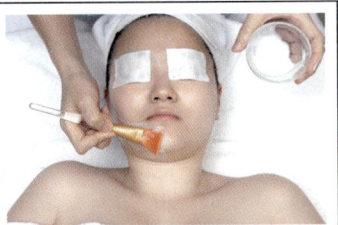
얼굴에 팩브러시를 이용하여 도포한다.

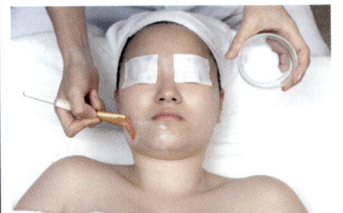
눈과 입을 빼고 아래턱까지 도포한다.

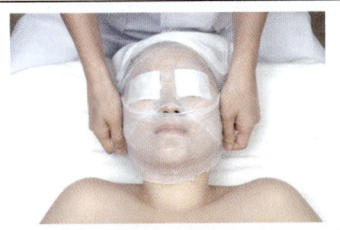
물에 젖은 거즈를 얼굴에 적용한다.

4) 마스크 도포하기

석고마스크와 물의 비율을 1:1로 맞추어서 스파튤라를 이용하여 섞어 거죽하게 만든다.

스파튤라에 섞은 석고를 덜어서 눈 부위부터 도포한다.

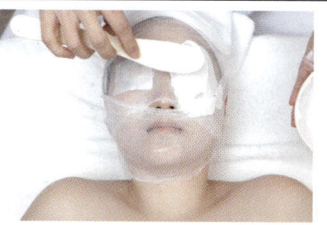
얼굴전체 골고루 도포한다.

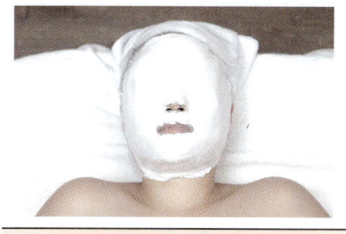
아래턱까지 도포하여 완성된 모습이다.

5) 마를 때까지 주변정리를 하기
   - 관리위원이 "5분 남았습니다"라고 말할 때까지 기다린다.

6) 마스크 제거하기

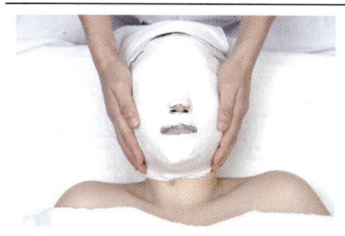
양 손으로 마스크를 잡고 위아래로 살짝 흔들어 준다.

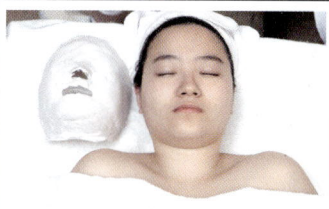
마스크를 떼어낸다. 제거한 마스크는 모델 옆에 둔다.

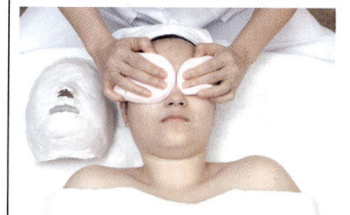
해면을 이용하여 제거한다.

7) 냉습포를 이용하여 잔여물 제거하기
8) 토너를 이용하여 얼굴 닦아주기
9) 아이크림을 이용하여 아이와 립을 도포하기
10) 수분크림을 이용하여 얼굴에 도포하기
11) 감독위원이 올 때까지 기다리기

02 팔, 다리관리

※ 팔, 다리관리를 하기 위한 준비작업을 하세요.
- 과제에 사용되는 화장품 및 사용 재료는 작업에 편리하도록 작업하세요.
- 모델을 관리에 적합하도록 준비하고 베드 위에 누워서 대기하도록 하세요.
- 팔(전체) 모델의 관리부위(오른쪽 팔, 오른쪽 다리)를 화장수를 사용하여 가볍고 신속하게 닦아낸 후 화장품(크림 혹은 오일타입)을 도포하고, 적절한 동작을 사용하여 관리하세요.
- 시간 : 10분 (작업시간 90% 이상 유지)
  손의 관리를 전체시간의 2분을 넘지 않게 하세요.

① 웨건준비

손소독제, 코튼통, 소독통, 오일, 진정젤, 토너, 종이컵, 우드스파튤라, 부직포, 유리볼, 쓰레기통, 탈컴파우더

② 2과제 세팅

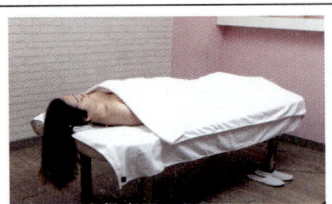

1과제 후 중타올로 다리 왼쪽다리를 감싸둔다.
대타올로 덮는다.

Chapter 01-1 : 팔

팔세팅하기

1) 손 소독하기
2) 팔 토너를 이용하여 클렌징하기

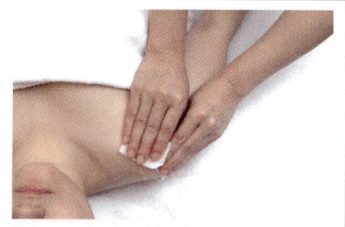	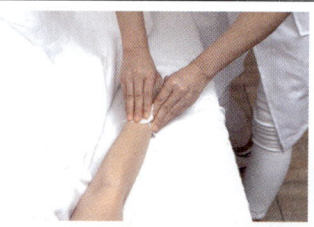	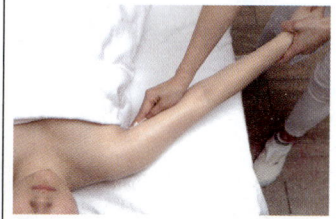
토너를 묻힌 코튼을 이용하여 어깨 부위에 놓는다.	어깨에서 손끝까지 내려서 닦는다.	팔 안쪽은 한 손으로 들어서 액와 부위에서 손까지 닦는다.

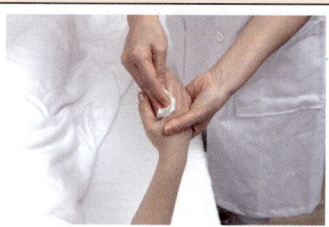

손바닥, 손가락사이 깨끗하게 닦는다.

3) 오일 도포하기

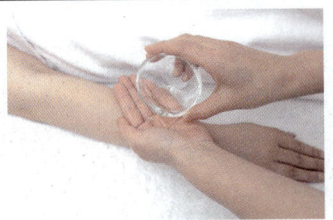
유리볼에 있는 오일을 손에 적용한다.

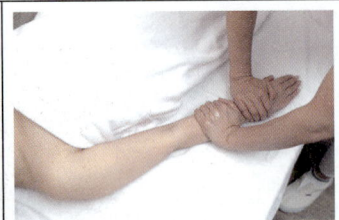
손에 있는 오일을 팔을 겹쳐 잡는다.

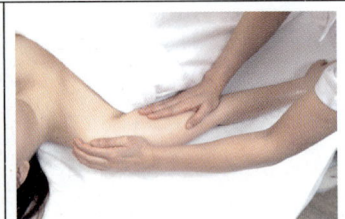
일직선으로 올라가서 어깨에서 돌아온다.

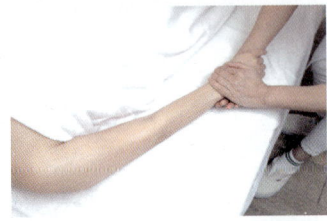
팔 아래로 내려와서 한손은 손등으로 한손은 아래로 맞잡으며 쓸어준다.

4) 팔 전체 쓸어서 펴 바르기

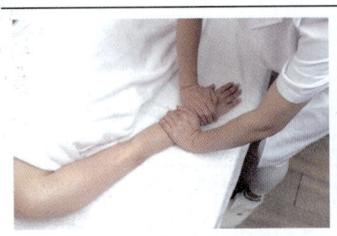
양 손을 엇갈려서 손목부터 잡는다.

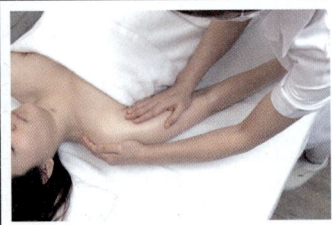
일직선으로 올라가서 어깨부위에서 손을 돌려 쓸어준다.

팔의 위아래로 쓸어서 내려온다.

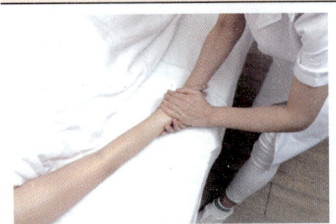
손까지 내려온다. 3회 반복한다.

5) 손등 쓸어서 펴 바르기

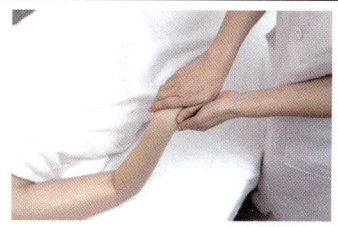
한 손은 손을 잡고 손바닥을 손등을 감싼다. 4526

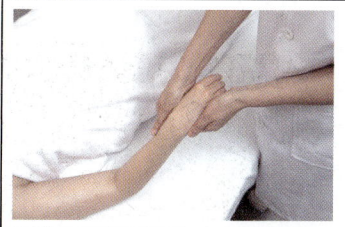
감싼 손을 손등 전체를 쓸어서 펴 바른다. 4527

- 반대편도 같은 방법으로 작업한다.
- 전체 번갈아 가면서 12회 반복한다.

6) 손가락 전체 나선형으로 쓸어주고 손톱 일직선으로 쓸어주기

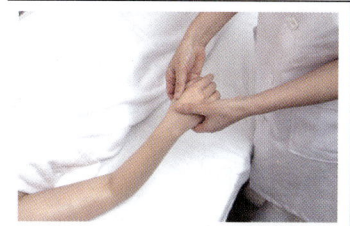
손가락뿌리부터 나선형으로 쓸어준다.

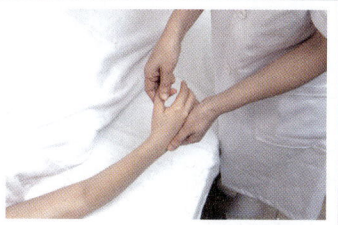
나선형으로 돌아가면서 손톱까지 쓸어준다.

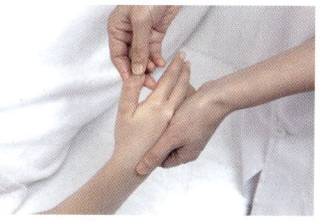
손톱은 위에서 아래로 쓸어준다.

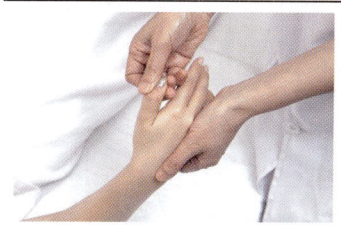
왼쪽에서 오른쪽으로 이동하여 쓸어준다.

7) 손가락측면 쓸어주면서 손가락 가운데 쓸어주기

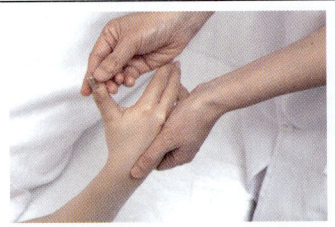
엄지측면을 잡고 엄지 끝까지 쓸어준다.

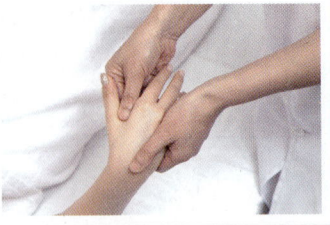
엄지 끝에서 손가락의 방향을 바꾼다.

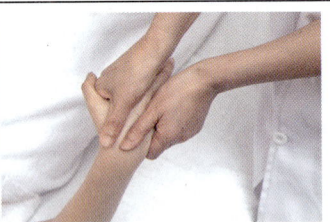
엄지중수골을 쓸어준다.

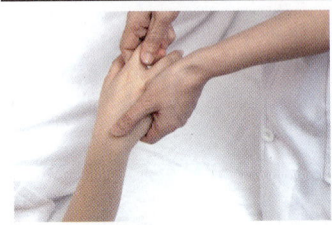
중수골에서 옆의 손가락으로 이동한다.

- 사지도 6번 방법으로 나선형으로 쓸어주고 손톱을 일직선으로 쓸어준다.

8) 손바닥 마름모꼴 쓸어서 펴 바르기

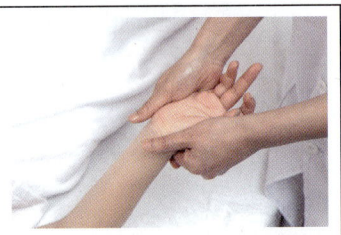
손을 뒤집어서 손바닥을 엄지와 검지사이, 소지와 약지사이에 손을 넣는다.

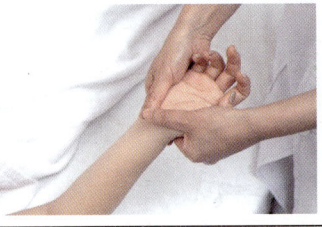
손을 걸고 엄지를 손목중앙에 둔다.

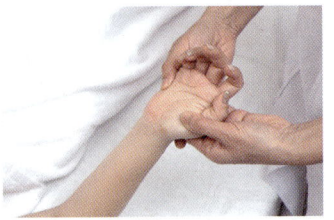
수근부에서 중앙의 가장자리까지 쓸어준다.

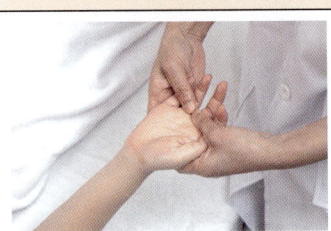
중앙가장자리에서 중지까지 쓸어서 펴 바른다. 3회 반복한다.

9) 손바닥 일직선으로 쓸어주기

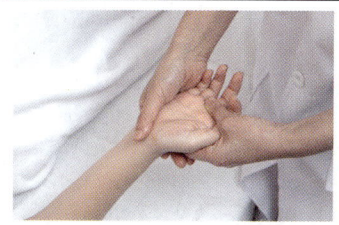
수근부의 중앙으로 한 손씩 옮겨간다.

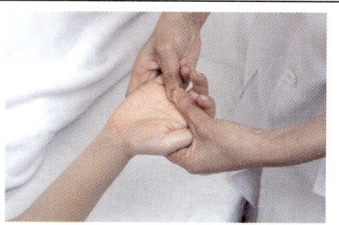
수근부의 중앙에서 손바닥으로 일직선으로 쓸어준다.

10) 손목 쓸어서 펴 바르기

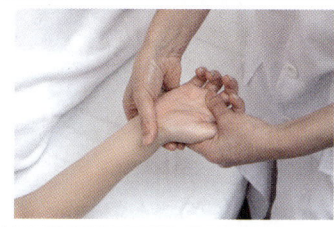
손목 전체를 엄지를 이용하여 쓸어준다.

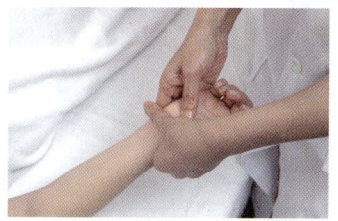
반대방향도 같은 방법으로 쓸어준다. 6회 반복한다.

11) 손목 흔들어주기

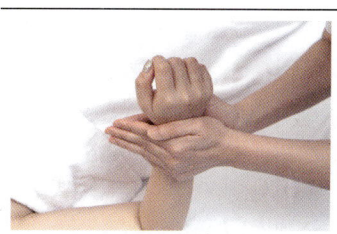
전완부를 세워서 양 손을 손목을 잡는다.

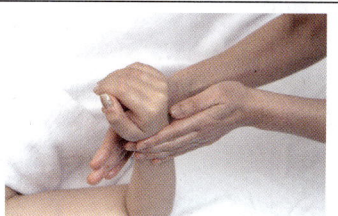
잡은 손목을 엇갈려 가며 흔들어 펴 바른다.

12) 부채모양으로 팔 전체 밀착하여 펴 바르기

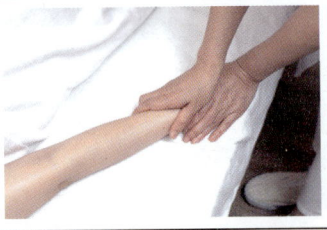
한 손은 잡고 한 손의 엄지를 이용하여 밀착한다.

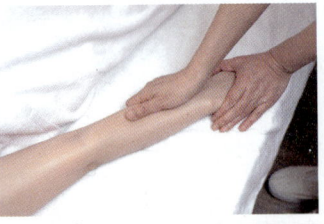
부채모양으로 밀착하여 펴 바른다.

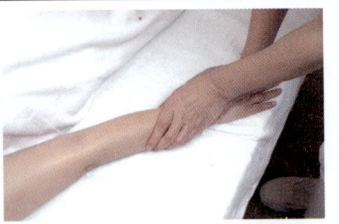
반대 방향의 손을 이용하여 밀착한다.

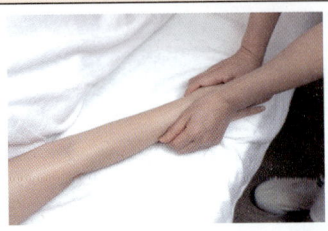
부채모양으로 밀착하여 펴 바른다.

- 팔 전체를 밀착하여 펴 바른다.
- 3회 반복한다.

13) 상완부 어루만져 펴 바르기

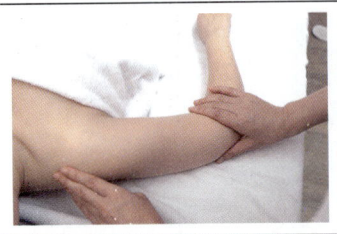
팔꿈치를 잡아서 살짝 굽힌다.

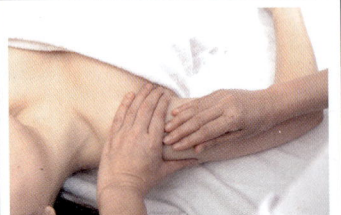
팔꿈치에서 어깨 쪽으로 어루만져 펴 바른다.

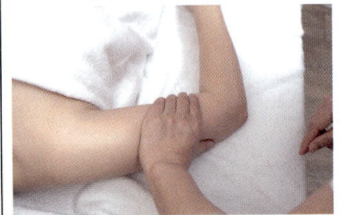
어깨에서 팔꿈치 쪽으로 어루만져 펴 바른다.

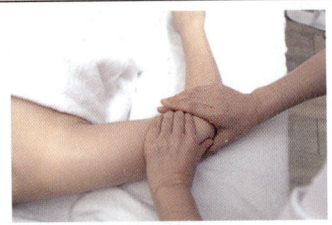
손이 떨어지기 전에 다른 손으로 어루만져 펴 바르기 준비를 한다.

- 전체 12회 정도 한다.

14) 상완부 가로 어루만져 펴 바르기

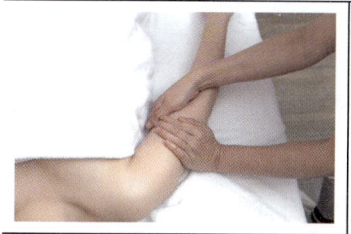 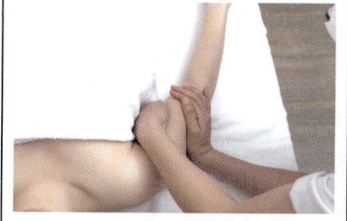 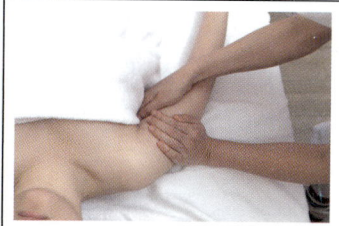

| 양손을 엇갈려 잡는다. | 사선으로 수근부와 사지를 어루만져 펴 바른다. | 상완부 상하 6회 반복한다. |

15) 흔들기

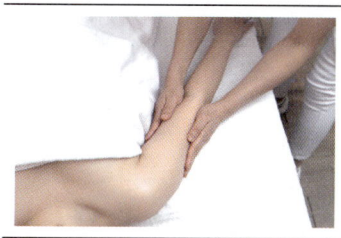 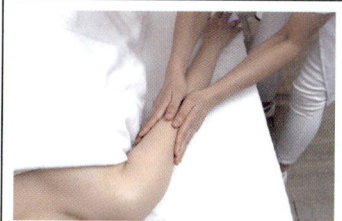

| 양손의 팔을 안과 밖을 잡는다. | 흔들면서 손목까지 내려온다. 3회 반복한다. |

16) 전체 쓸어서 펴 바르기

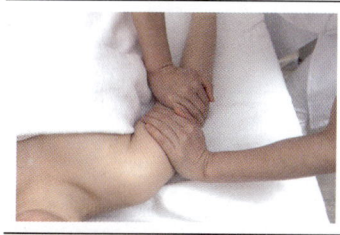 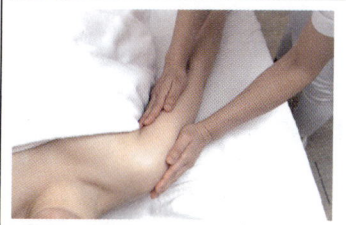

| 손바닥을 엇갈려서 손목에서 어깨까지 쓸어서 펴 바른다. | 어깨를 돌아서 손목까지 내려온다. 3회 반복한다. |

17) 온습포 사용하기

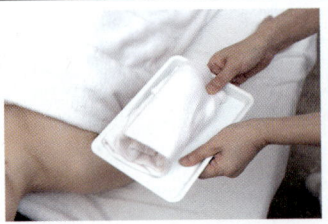
온장고의 온습포를 집게로 집어 쟁반에 받혀서 가지고 온다.

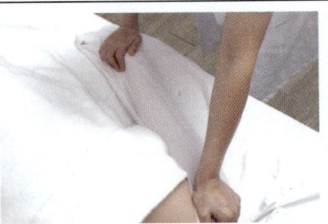
온도를 체크하여 온습포를 팔전체 감싼다.

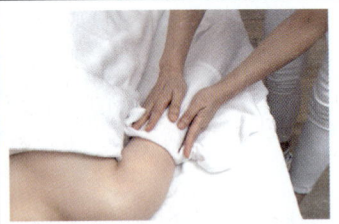
어깨부터 손까지 깨끗하게 닦아준다.

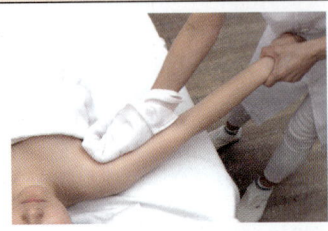
팔을 들어 팔 안쪽도 깨끗하게 닦아준다.

18) 토너 정리하기

Chapter 01-2 : 다리

1) 타올 세팅하기
- 오른쪽 종아리 밑에 소타올을 미리 둔다.

2) 토너 정리하기

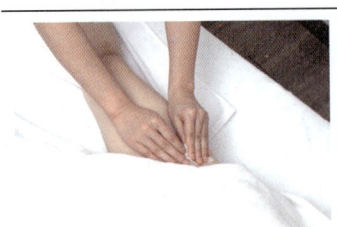
코튼에 토너를 적용하여 대퇴부 중앙부터 시작한다.

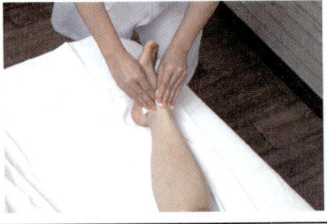
발끝까지 닦아준다.

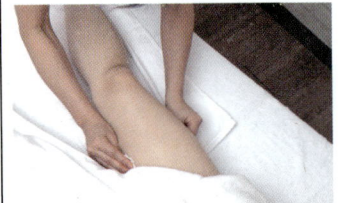
대퇴부 옆에서 시작한다.

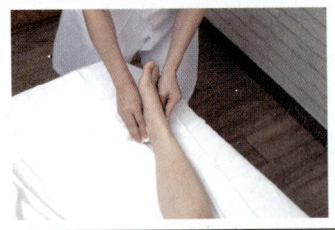
발 옆까지 닦아준다.

3) 오일 도포하기

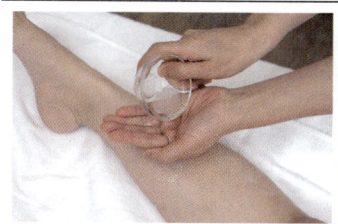
유리볼에 오일을 덜어서 손바닥에 오일을 적용한다.

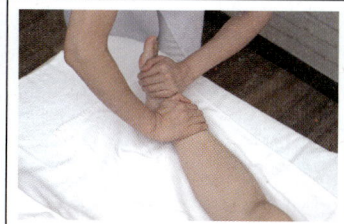
발목으로 양 손을 엇갈리게 잡는다.

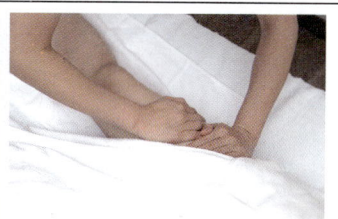
쓸어서 펴 바르기를 서혜부까지 올라간다.

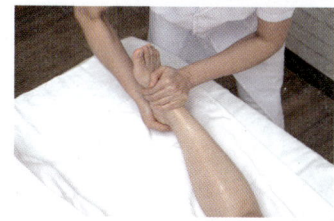
서혜부에서 돌아서 아래로 내려와 발등과 발바닥으로 쓸어서 펴 바른다.

- 3회 도포한다.

4) 쓰다듬기

- 오일 도포하기와 같은 방법으로 3회 실시한다.

5) 발등 쓸어서 펴 바르기

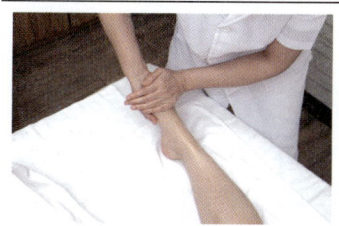
한손은 발바닥을 잡고 한손은 옆 방향으로 발가락을 잡는다.

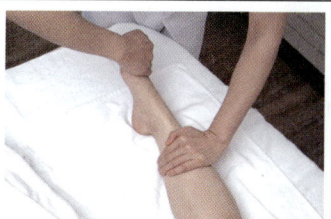
발가락에서 종아리까지 쓸어준다. 한 손은 발가락을 잡는다.

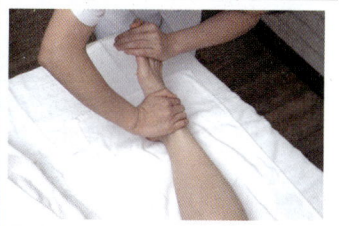
손을 바꾸어 발등을 쓸어준다. 한손은 발가락을 잡는다.

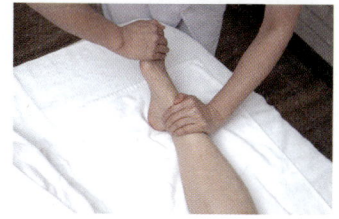
양방향으로 12회 반복한다.

6) 복숭아뼈 돌리기

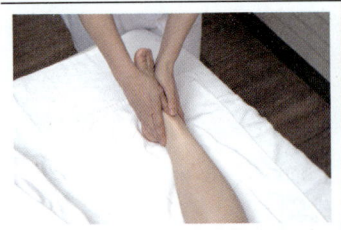
양 손을 발목을 잡고 사지를 이용하여 복숭아뼈 주위를 밀착한다.

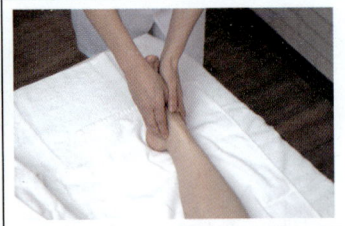
복숭아뼈 주위를 밀착하여 펴 바른다. 12회 반복한다.

7) 발 부채모양으로 밀착하여 펴 바르기

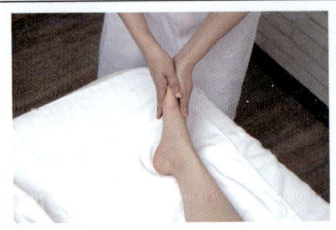
발 안쪽 측면을 엄지를 이용하여 부채모양으로 밀착하여 펴 바른다.

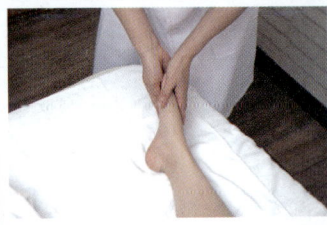
다른 엄지를 이용하여 부채모양으로 밀착하여 펴 바른다.

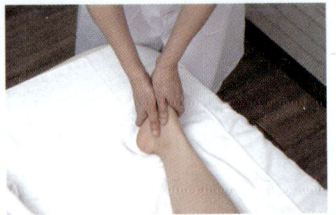
측면을 따라 밀착하여 펴 바른다.

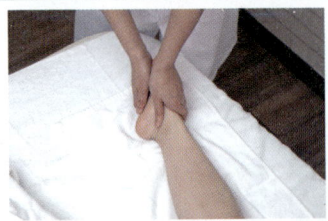
발꿈치까지 손을 바꾸면서 밀착하여 펴 바른다.

- 엄지발가락에서 시작하여 발등까지 일직선으로 부채모양으로 밀착하여 펴 바르기
- 엄지와 검지 사이 중족골에서 시작하여 부채모양으로 밀착하여 펴 바르기
- 검지, 중족골, 중지, 중족골, 약지, 중족골, 소지, 측면을 같음 방법으로 밀착하여 펴 바른다.

8) 종아리 나선형으로 밀착하여 펴 바르기

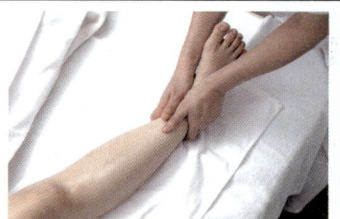
한 손으로 발목을 잡고 한 손의 엄지와 수근부를 밀착한다.

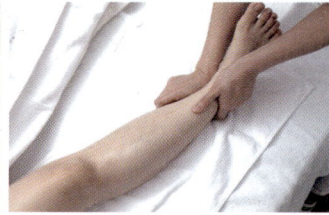
나선형으로 밀착하여 펴 바른다.

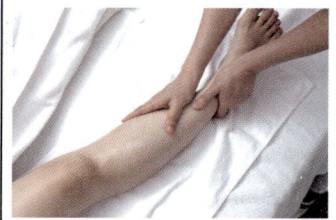
나선형으로 무릎까지 올라가서 종아리 밑으로 쓸어준다.

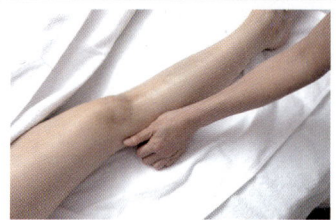
반대방향도 같은 방법으로 작업한다. 3회 반복한다.

9) 종아리 어루만져 펴 바르기

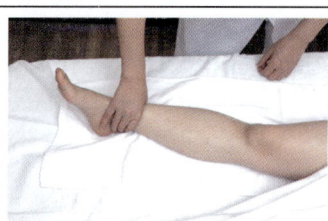
한 손을 엄지와 검지사이에 발목을 잡는다.

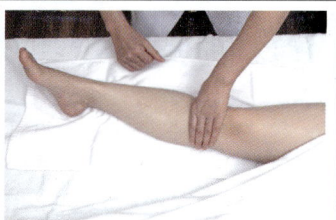
무릎까지 올라와서 다른 손으로 교체한다.

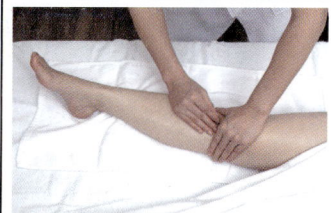
손이 떨어지기 전에 다른 손으로 어루만져 펴 바른다. 6회 반복한다.

10) 무릎 엇갈려 밀착하여 펴 바르기

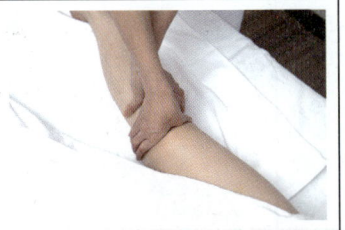
한 손은 무릎 아래를 잡고 엄지와 검지는 무릎 위를 밀착한다.

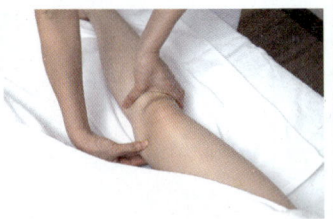
무릎 위에서 일직선으로 무릎 안쪽으로 밀착하여 펴 바른다.

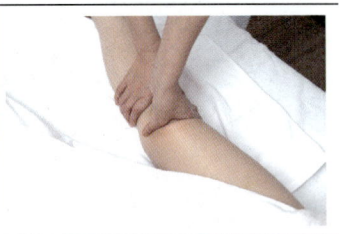
무릎아래 있는 손이 무릎위로 올라가서 밀착한다.

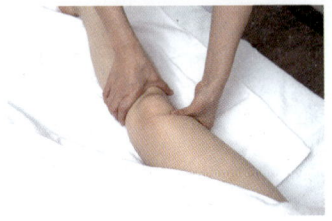
일직선으로 무릎 바깥쪽으로 일직선으로 밀착하여 펴 바른다.

11) 허벅지 부채모양으로 어루만져 펴 바르기

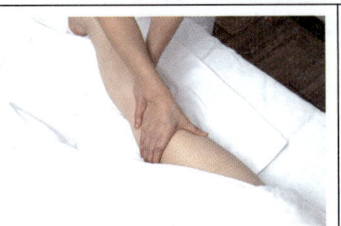
한 손은 무릎 아래로 잡고 한 손은 무릎 위에서 엄지와 사지를 펼친다.

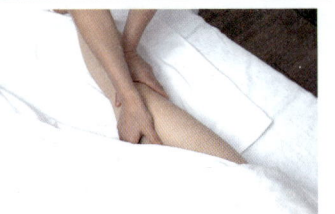
엄지를 부채모양으로 어루만져 펴 바른다.

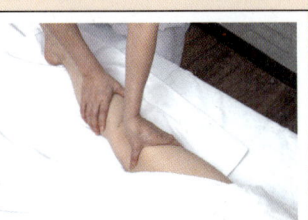
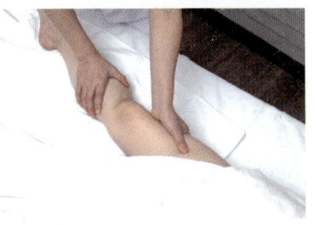
같은 자리를 손을 바꾸어 상동으로 작업한다.
서혜부까지 올라가면서 어루만져 펴 바른다.
서혜부에서 한손은 안쪽 손은 바깥쪽으로 펼쳐서 허벅지 안쪽으로 내려온다. 3회 반복한다.

12) 허벅지 가로 어루만져 펴 바르기

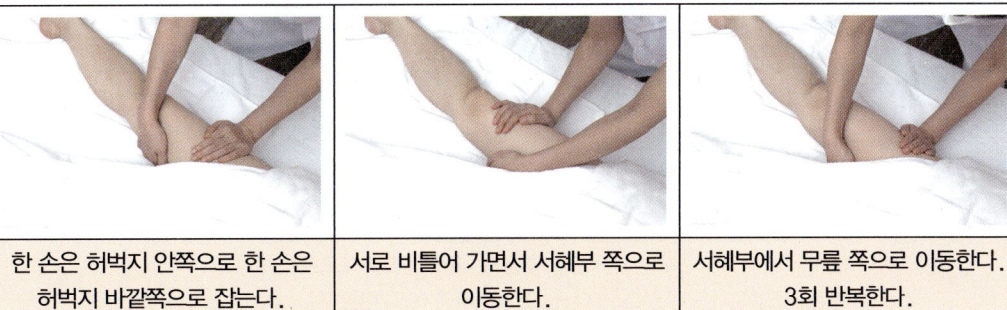

| 한 손은 허벅지 안쪽으로 한 손은 허벅지 바깥쪽으로 잡는다. | 서로 비틀어 가면서 서혜부 쪽으로 이동한다. | 서혜부에서 무릎 쪽으로 이동한다. 3회 반복한다. |

13) 허벅지 세로 어루만져 펴 바르기

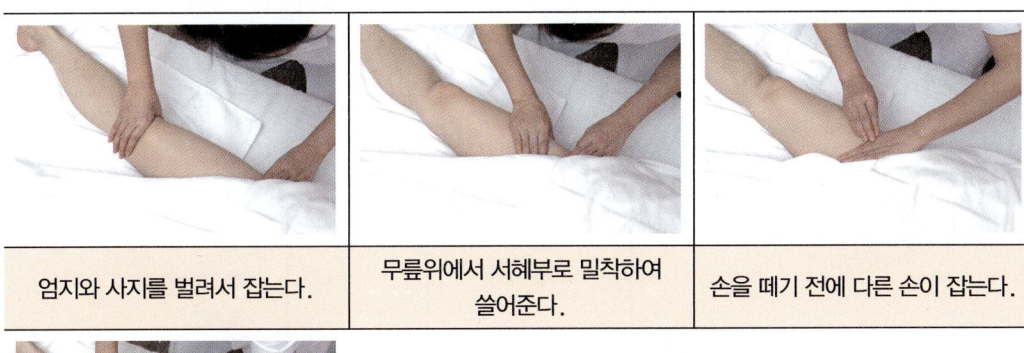

| 엄지와 사지를 벌려서 잡는다. | 무릎위에서 서혜부로 밀착하여 쓸어준다. | 손을 떼기 전에 다른 손이 잡는다. |

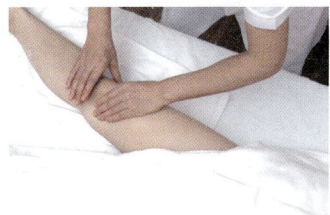

서혜부에서 무릎위로 내려온다. 6회 반복.

14) 개구리다리 쓸어서 펴 바르기

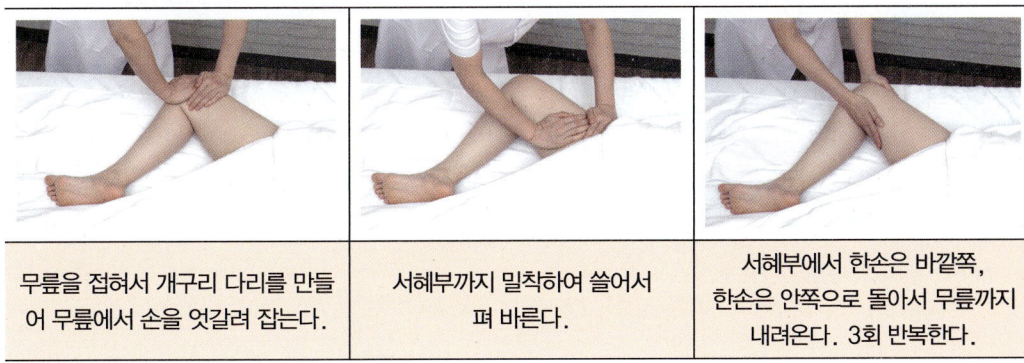

| 무릎을 접혀서 개구리 다리를 만들어 무릎에서 손을 엇갈려 잡는다. | 서혜부까지 밀착하여 쓸어서 펴 바른다. | 서혜부에서 한손은 바깥쪽, 한손은 안쪽으로 돌아서 무릎까지 내려온다. 3회 반복한다. |

15) 개구리 다리로 어루만져 펴 바르기

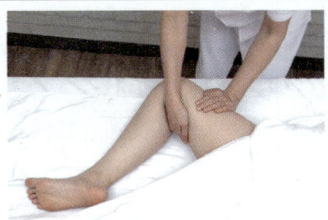 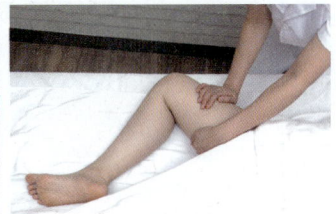

| 한 손은 안쪽, 한 손은 바깥쪽으로 밀착한다. | 손을 엇갈려 가며 서혜부 쪽으로 사선으로 어루만져 펴 바른다. 무릎 쪽으로 어루만져 펴 바른다. 양방향으로 3회 작업한다. |

16) 종아리 쓸어서 펴 바르기

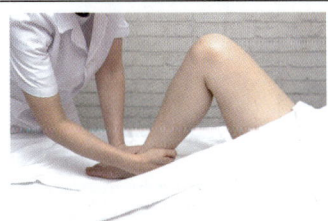 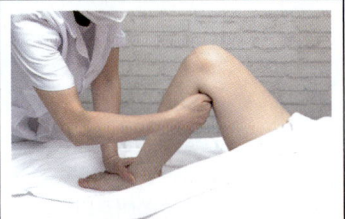 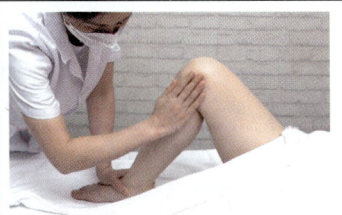

| 다리를 세워서 한 손은 발목을 잡고, 한 손은 발뒤목을 잡는다. | 발뒷목에서 일직선으로 무릎뒷부분까지 쓸어서 펴 바른다. | 무릎뒤 부분에서 손을 빼 무릎옆 부분으로 손을 밀착한다. |

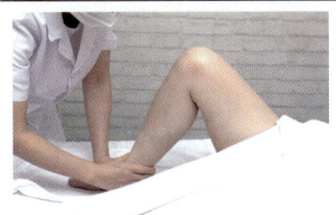

밀착하여 일직선으로 내려온다.

- 반대방향도 같은 방법으로 작업한다.
- 6회 반복한다.

17) 흔들어주기

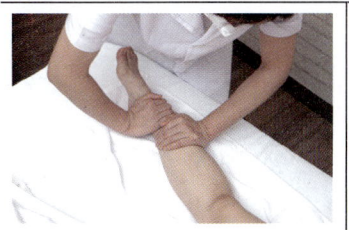
발목에서 손을 엇갈려 밀착한다.

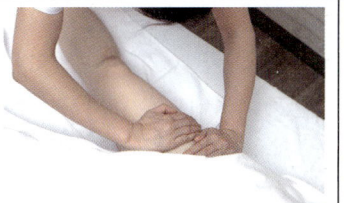
서혜부까지 일직선으로 쓸어서 펴 바른다.

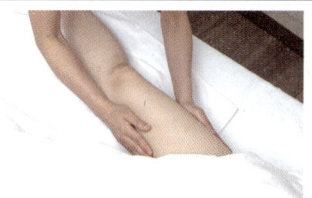
손을 돌려서 허벅지 옆면에서 밀착한다.

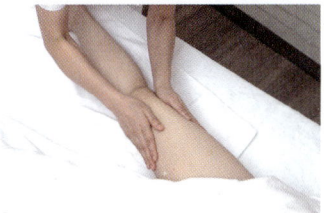
양 손을 흔들면서 발목까지 내려온다. 3회 반복한다.

18) 쓰다듬기

19) 온습포를 이용하여 닦아주기

온습포를 다리 전체를 감싼다.

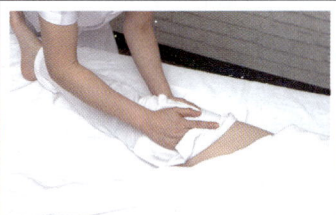
끝부분을 잡아서 서혜부 아래부터 닦아준다. 습포를 접어가면서 발까지 닦는다.

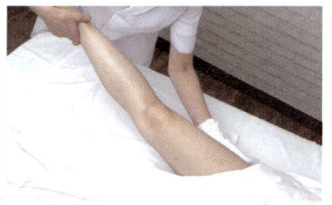
습포를 뒤집어서 옆면과 아래부분을 닦는다.

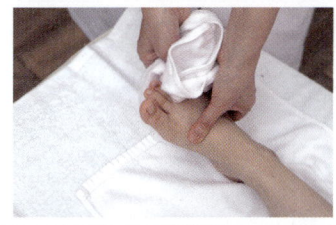
발가락 사이사이를 깨끗하게 닦는다.

20) 토너로 정리하기

21) 감독관이 올 때까지 기다린다.

Chapter 02 : 제모하기

- 왁스 워머에 데워진 핫 왁스를 필요량만큼 용기에 덜어서 작업에 사용하고, 다리에 왁스를 부직포 길이에 적합한 면적만큼 도포한 후, 체모를 제거하고 제모부위의 피부를 정돈하세요.
- 제모 시 발을 제외한 좌 · 우측 다리(전체) 중 적합한 부위에 한번만 제거하세요.
- 관리부위에 체모가 완전히 제거되지 않았을 경우 족집게 등으로 잔털 등을 제거하세요.
- 제모 작업은 7×20㎝ 정도의 부직포 1장을 이용한 도포 범위(4~5×12~14㎝) 기준으로 하세요.

① 손 소독하기

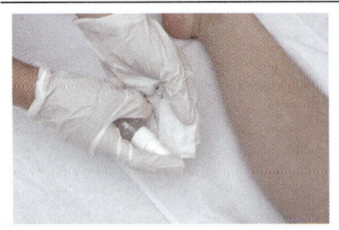
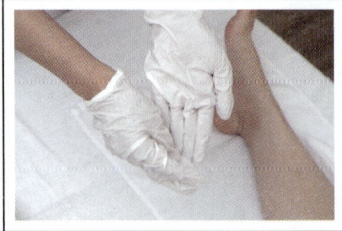

| 장갑을 착용한 상태에서 코튼에 소독제를 뿌린다. | 소독제가 묻은 코튼을 이용하여 장갑위로 소독한다. |

② 제모할 부위 소독하기

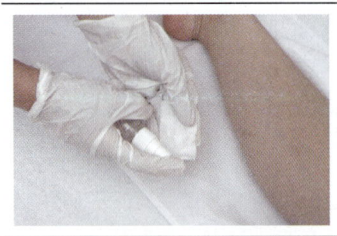
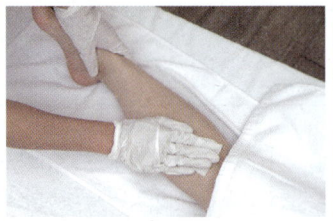

| 소독제를 코튼에 뿌린다. | 제모 할 부위를 코튼을 이용하여 닦는다. |

③ 탈크파우더 도포하기

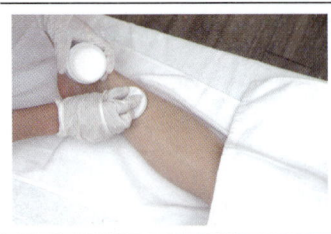
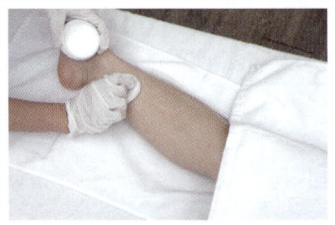

탈크파우더를 제모할 부위에 도포한다.

④ 왁스 도포하기

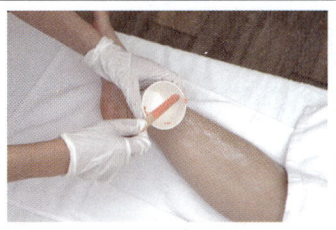
종이컵을 이용하여
왁스를 가져온다.

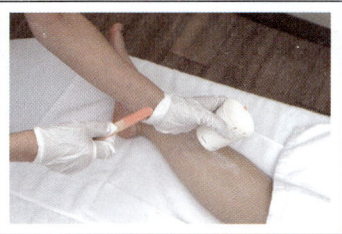
나무스파튤라를 이용하여
온도를 손목에 체크한다.

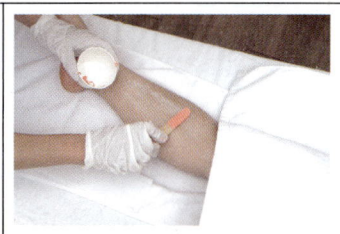
제모를 할 부위에 스파튜라를
45도 뉘어서 도포한다.

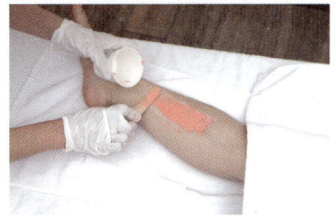
길이가 20cm 정도 도포한다.

⑤ 왁스 제거하기

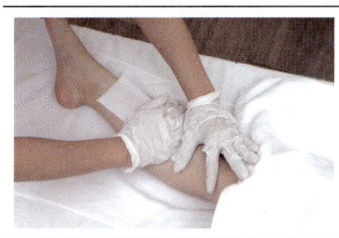
부직포를 왁스를
도포한 부위에 붙인다.

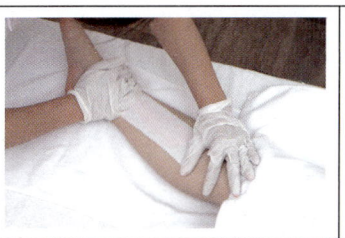
접착이 잘 되도록
위에서 아래로 쓸어준다.

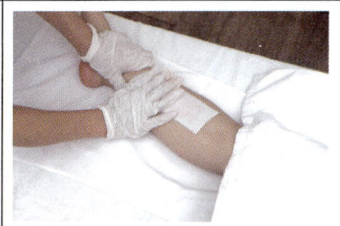
한 손으로 텐션을 주고
한 손으로 빠르게 뗀다.

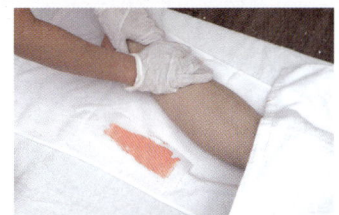
제거 후 그 부위를
손으로 진정시킨다.

⑥ 제거부위 진정시키기

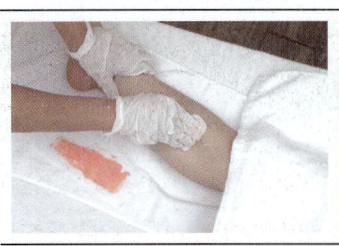 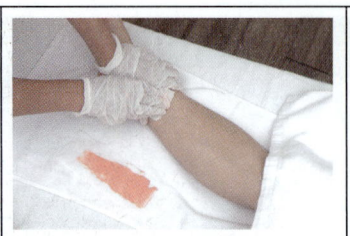 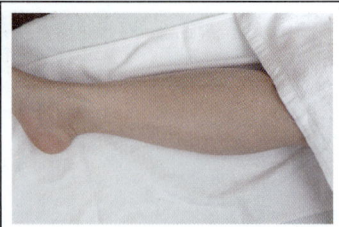

제거한 후 알로에 젤로 진정시킨다.

03 림프를 이용한 피부관리

※ 과제에 사용되는 화장품 및 사용 재료는 작업에 편리하도록 준비하세요.
- 모델을 작업에 적합하도록 준비하세요(터번을 하지 않는다).
- 적절한 압력과 속도를 유지하며 목과 얼굴부위에 림프절 방향에 맞추어 피부관리를 실시하세요 (단, 에플라쥐 동작을 시작과 마지막에 하세요).
- 작업 전 관리부위에 대한 클렌징 작업은 하지 마세요.
- 관리 순서는 에플라쥐를 먼저 실시한 후 첫 시작지점은 목 부위(profundus)부터 림프절 방향으로 관리하며, 림프절의 방향에 역행되지 않도록 주의하세요.
- 적절한 압력과 속도를 유지하고, 정확한 부위에 실시하세요.
- 시간 : 15분 (종료시간에 맞추어 하세요.)

📋 림프절 부위 명칭

- 템포랄리스
- 파로티스
- 프로펀더스
- 미들
- 턱아래중앙
- 턱아래중간
- 터미누스
- 앵글루스아래
- 앵글루스

① 손 소독하기

② 에플라쥐하기

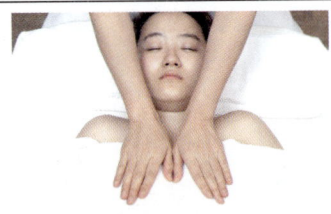
데콜테 중앙에서 시작하여 일직선으로 쓸어준다.

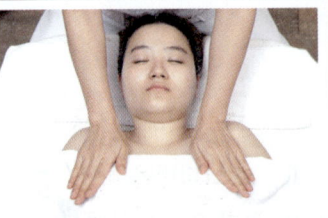
5등분을 나누어서 2, 3, 4번째 같은 방법으로 일직선으로 쓸어준다.

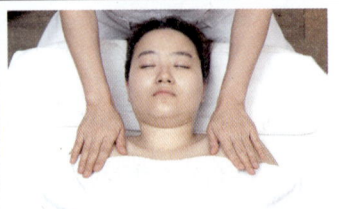
5번째는 쇄골을 따라 쓸어준다.

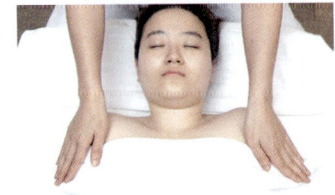
견봉까지 와서 엄지가 액와부위로 쓸어준다.

③ 목부위하기

1) 프로펀더스

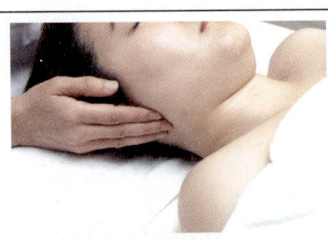
귀밑에 들어가는 부위인 프로펀더스 자리를 누른다.

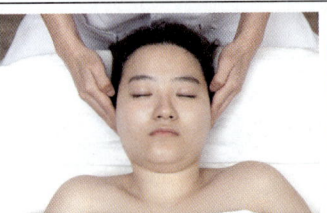
수영하는 방향으로 고정으로 반원을 그린다.

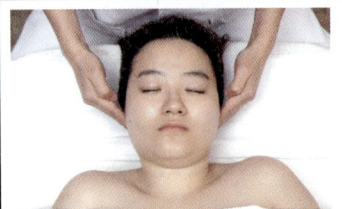
제자리에서 살며시 뗀다.

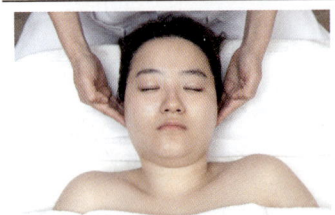
5회 반복한다.

2) 미들

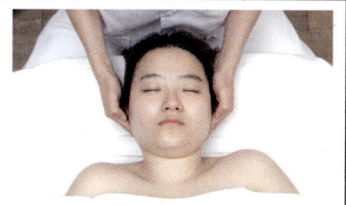
귀밑과 목의 중간부위 미들부위에 얹어놓는다.

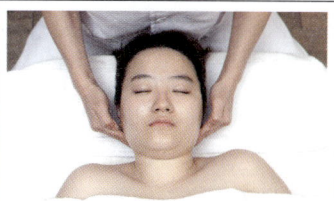
수영하는 방향으로 고정으로 반원을 그린다.

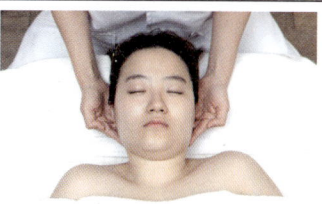
살며시 위로 뗀다. 5회 반복한다.

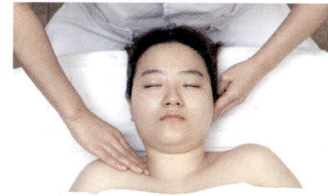
한 손은 터미누스자리에 둔다.

3) 터미누스

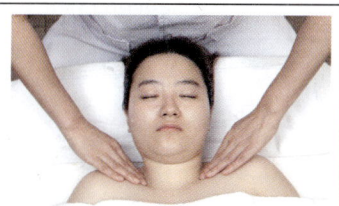
한 손씩 터미누스 자리에 손을 얹어놓는다.

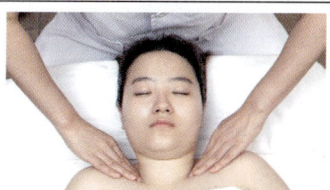
수영하는 방향으로 고정으로 반원을 그린다.

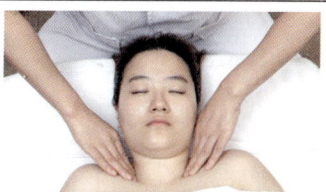
살며시 위로 뗀다. 5회 반복한다.

④ 턱아래부위하기

1) 턱 중앙

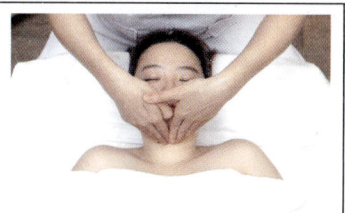
턱 중앙부위에 손을 얹어놓는다.

수영하는 방향으로 고정으로 반원을 그린다.

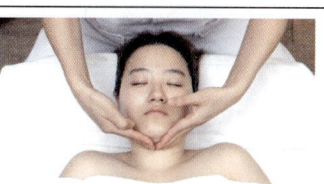
살며시 위로 뗀다. 5회 반복한다.

2) 미들

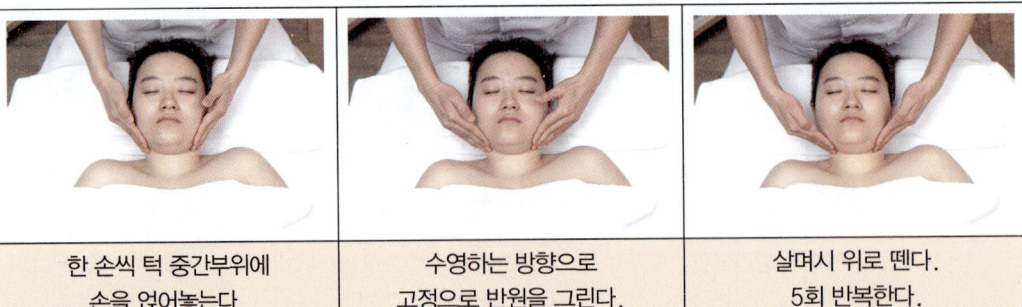

| 한 손씩 턱 중간부위에 손을 얹어놓는다. | 수영하는 방향으로 고정으로 반원을 그린다. | 살며시 위로 뗀다. 5회 반복한다. |

3) 턱아래끝부위(앵글루스 아래부위)

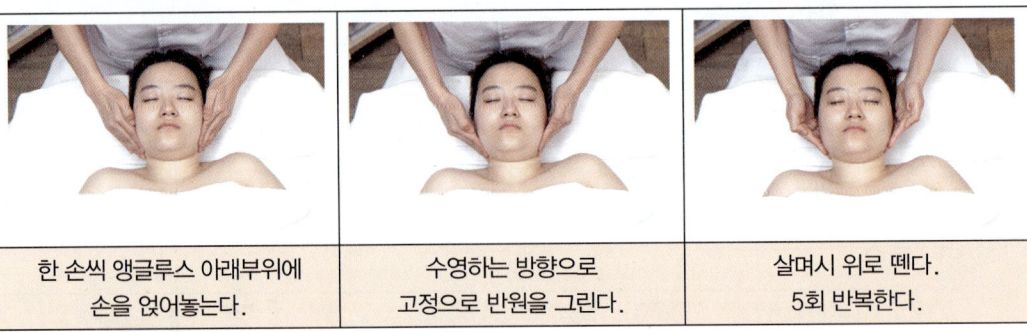

| 한 손씩 앵글루스 아래부위에 손을 얹어놓는다. | 수영하는 방향으로 고정으로 반원을 그린다. | 살며시 위로 뗀다. 5회 반복한다. |

⑤ 목부위하기

- 한 손씩 프로펀더스 자리에 손을 얹는다.
- 고정원을 그린다.
- 미들부위에 고정원을 그린다.
- 터미누스에 고정원을 그린다.

⑥ 귀부위하기

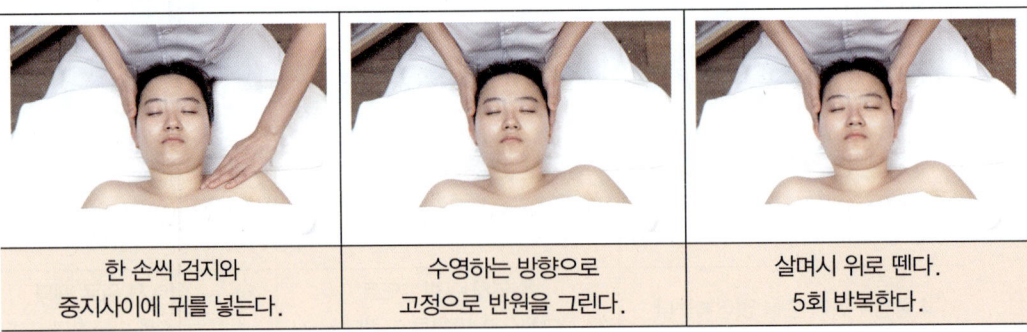

| 한 손씩 검지와 중지사이에 귀를 넣는다. | 수영하는 방향으로 고정으로 반원을 그린다. | 살며시 위로 뗀다. 5회 반복한다. |

⑦ 목부위하기

- 프로펀더스 하기
- 미들하기
- 터미누스 하기

⑧ 목 애플라쥐하기

⑨ 얼굴 애플라쥐하기

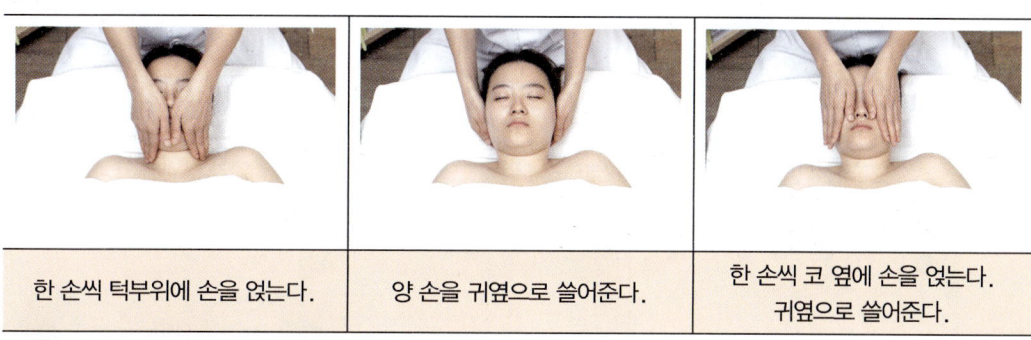

| 한 손씩 턱부위에 손을 얹는다. | 양 손을 귀옆으로 쓸어준다. | 한 손씩 코 옆에 손을 얹는다. 귀옆으로 쓸어준다. |

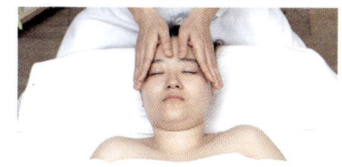

한 손씩 이마부위에 손을 얹는다.
귀 옆으로 쓸어준다.

턱부위하기

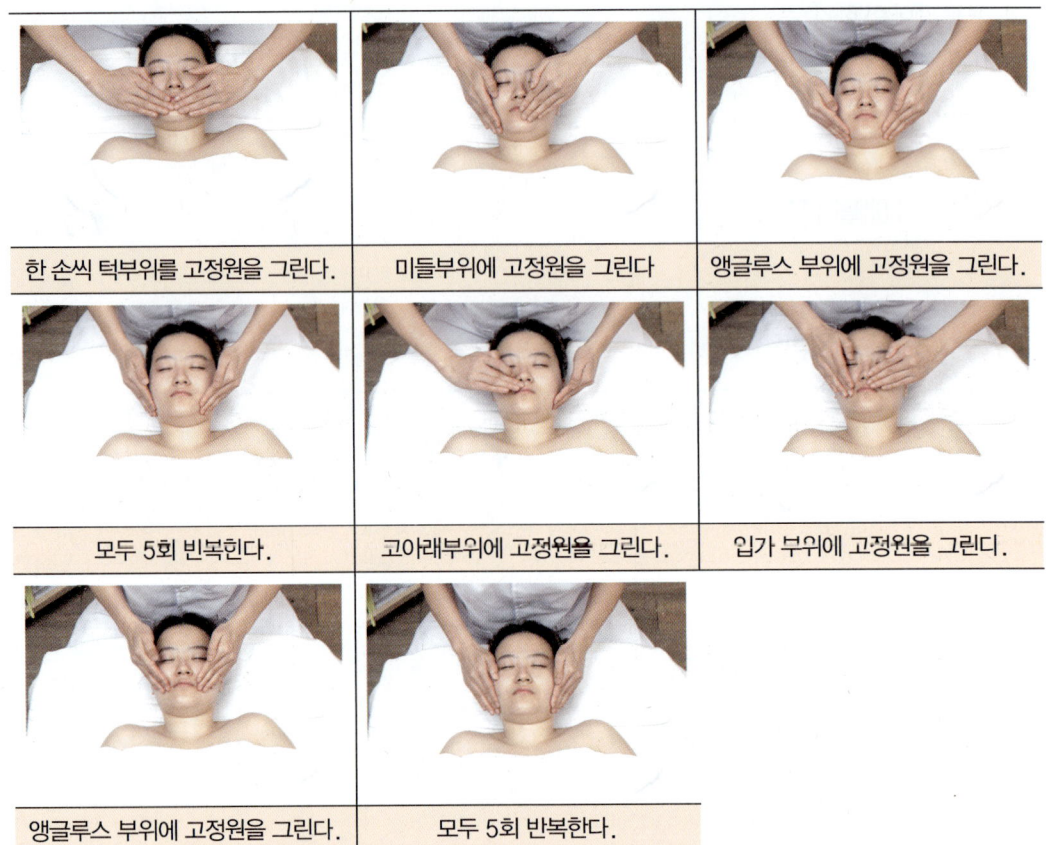

⑪ 코부위하기

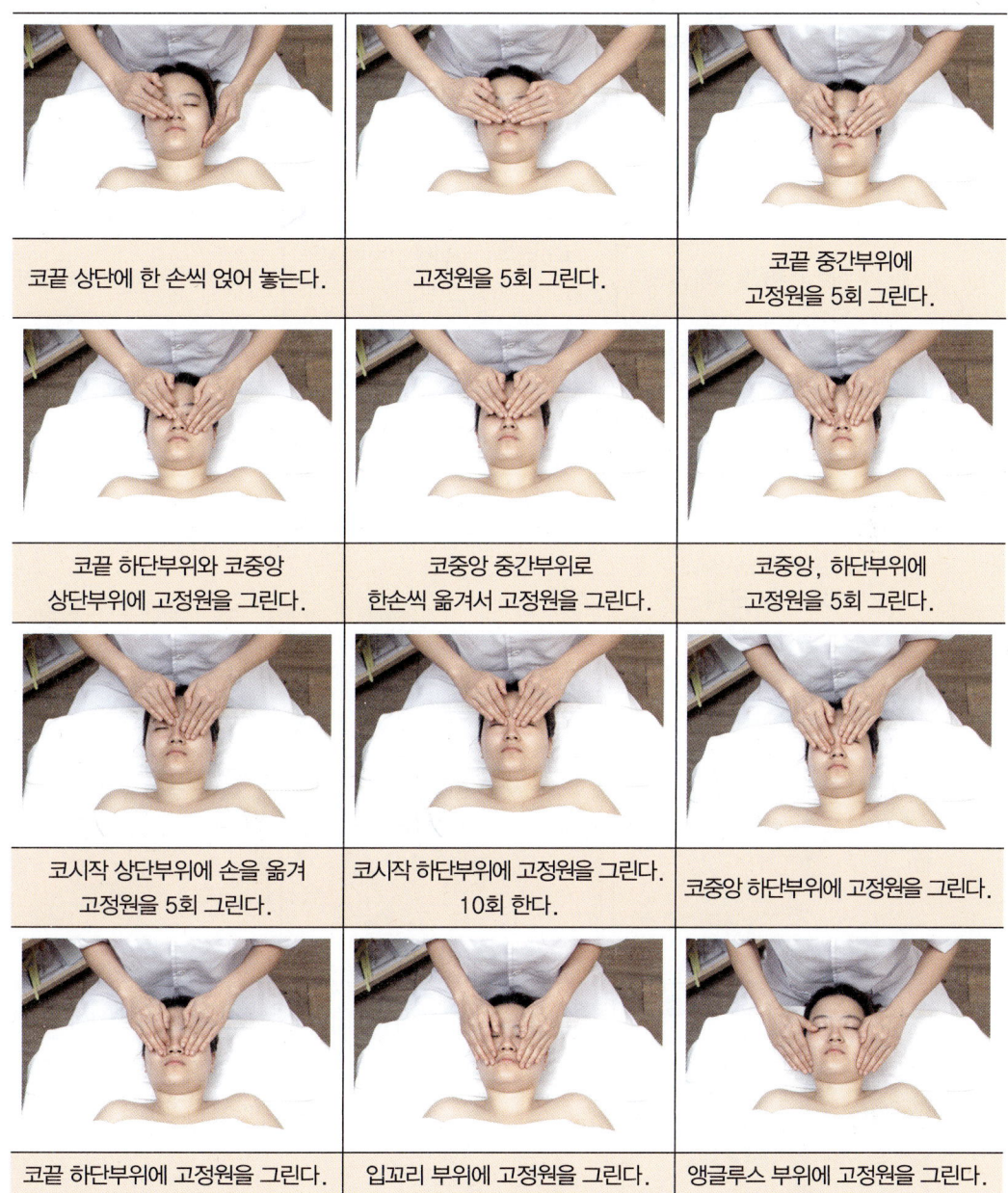

코끝 상단에 한 손씩 얹어 놓는다.	고정원을 5회 그린다.	코끝 중간부위에 고정원을 5회 그린다.
코끝 하단부위와 코중앙 상단부위에 고정원을 그린다.	코중앙 중간부위로 한손씩 옮겨서 고정원을 그린다.	코중앙, 하단부위에 고정원을 5회 그린다.
코시작 상단부위에 손을 옮겨 고정원을 5회 그린다.	코시작 하단부위에 고정원을 그린다. 10회 한다.	코중앙 하단부위에 고정원을 그린다.
코끝 하단부위에 고정원을 그린다.	입꼬리 부위에 고정원을 그린다.	앵글루스 부위에 고정원을 그린다.

⑫ 눈

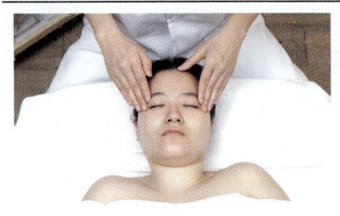

눈꼬리부위를 고정원을 5회 그린다

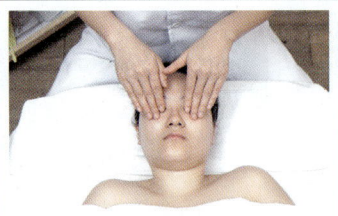

눈아래중앙부위를 고정원을 5회 그린다.

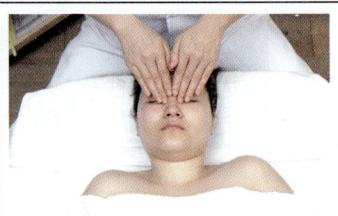

눈앞부위를 고정원을 그린다.

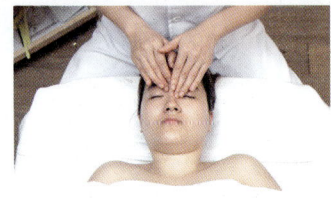

눈앞부위를 중지를 이용하여 쓸어준다.

⑬ 눈썹

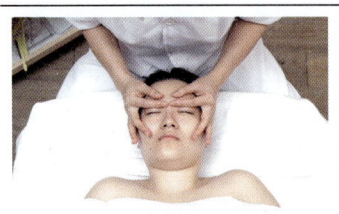

눈썹머리을 엄지와 검지를 이용하여 집는다.

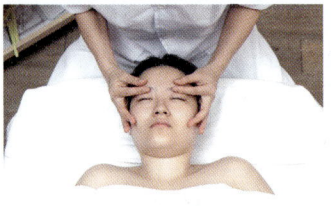

조금씩 이동하며 집어준다.

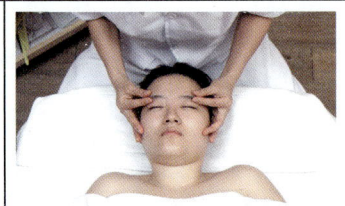

눈썹중앙을 이동하여 집어준다.

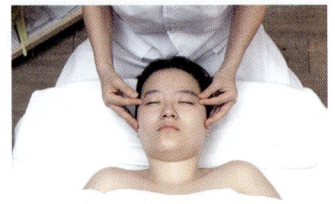

눈썹꼬리를 집어준다.

⑭ 긴여행

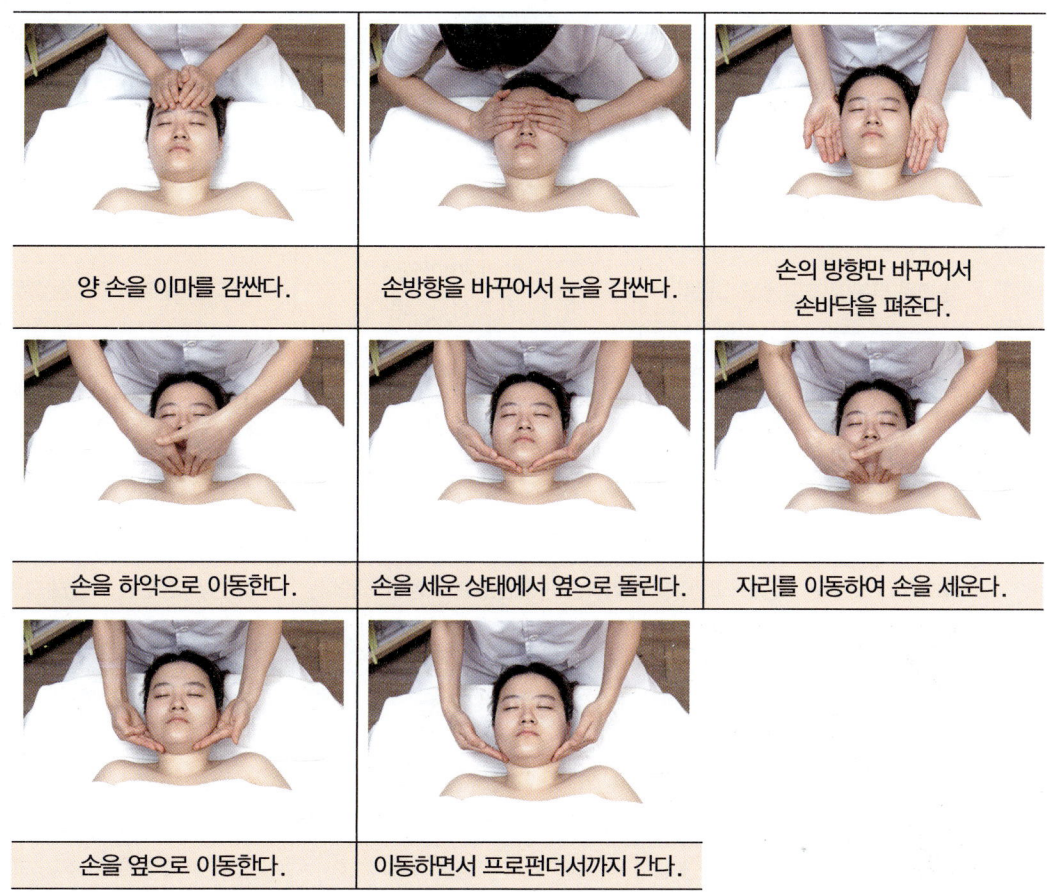

양 손을 이마를 감싼다. | 손방향을 바꾸어서 눈을 감싼다. | 손의 방향만 바꾸어서 손바닥을 펴준다.

손을 하악으로 이동한다. | 손을 세운 상태에서 옆으로 돌린다. | 자리를 이동하여 손을 세운다.

손을 옆으로 이동한다. | 이동하면서 프로펀더서까지 간다.

⑮ 이마 3등분하기

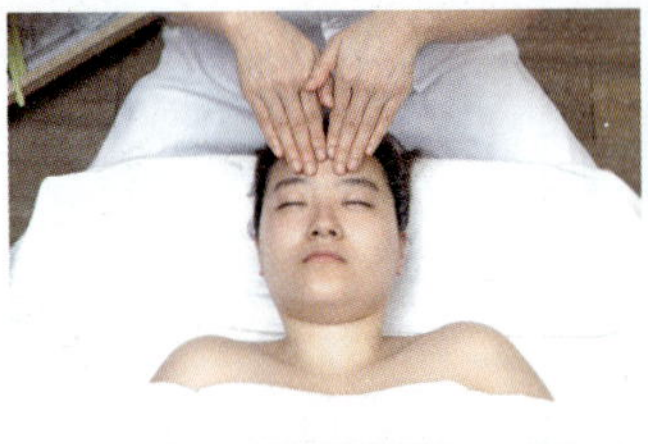 눈썹위 부분에 고정원을 그린다.	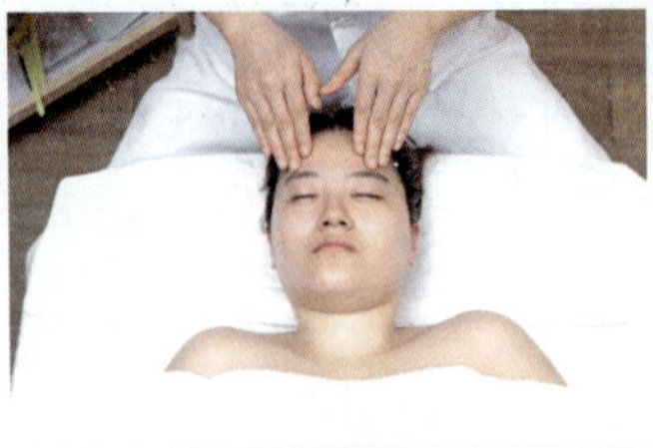 눈썹과 헤어라인의 중간부위 고정원 그린다.	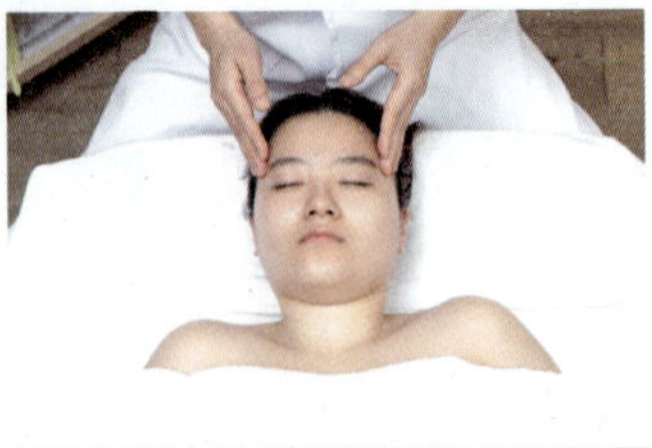 헤어라인 끝부분 고정원 그린다.
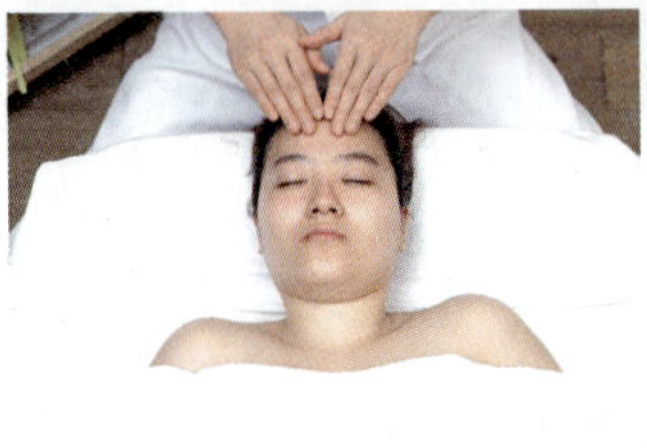 이마중간 첫부분 고정원 그린다.	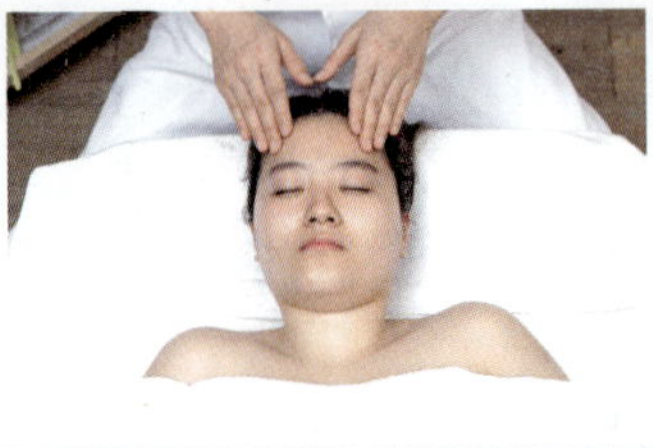 이마중간 중간부위 고정원 그린다.	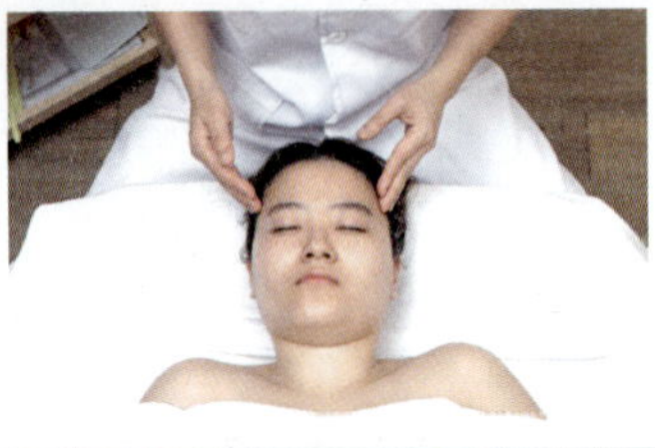 이마중간 끝부위 고정원 그린다.
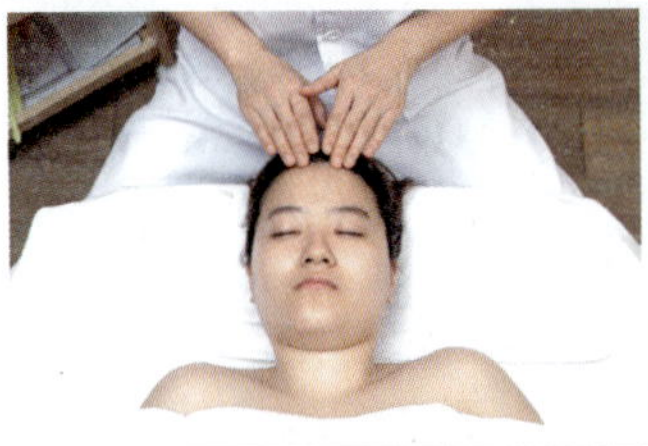 이마끝부위 첫 번째 고정원 그린다.	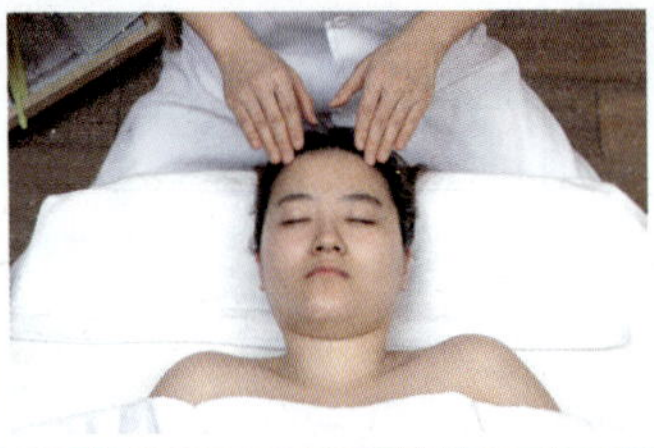 두 번째 고정원 그린다.	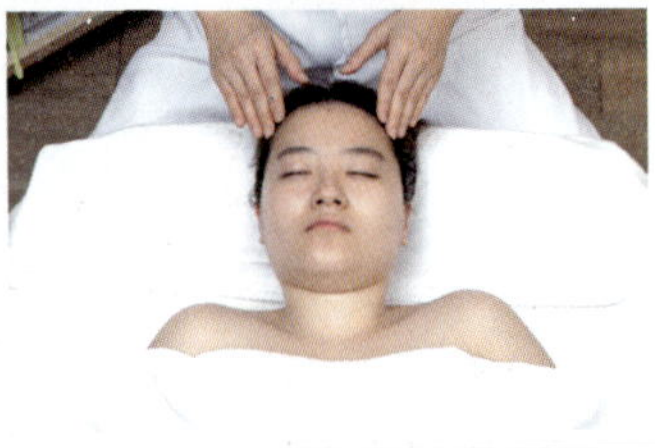 세 번째 마지막부위 고정원 그린다.
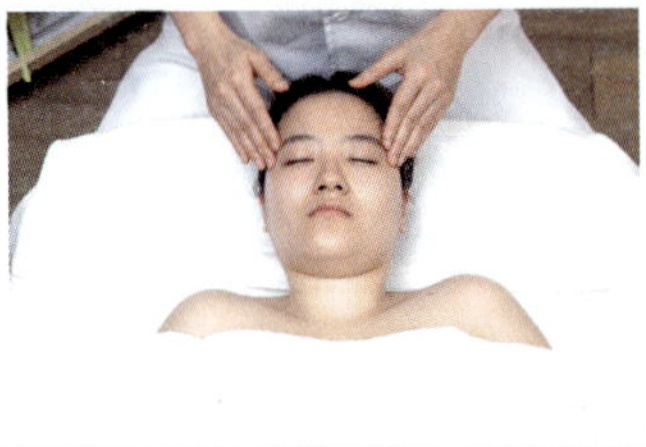 템포라릴스 고정원 5회 그린다.	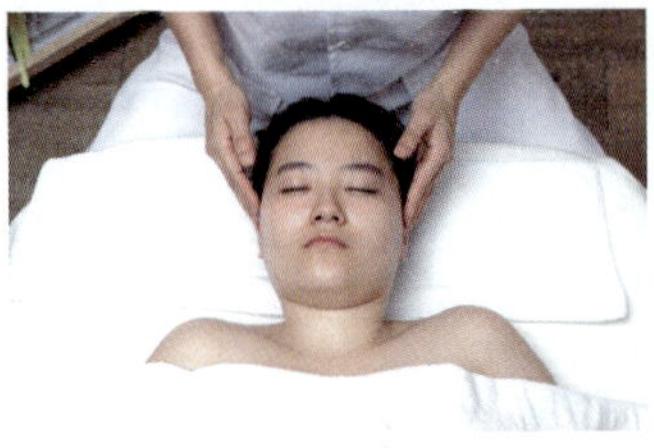 파로티스 고정원 5회 그린다.	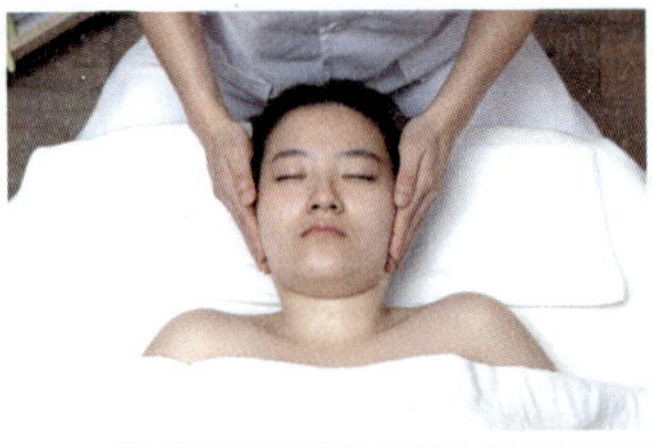 앵글루스 고정원 5회 그린다.

⑯ 목부위

애플라지

한권으로 합격하는
피부미용사 필기·실기

발 행 일	2021년 4월 5일 초판 1쇄 인쇄
	2021년 4월 10일 초판 1쇄 발행
저 자	이남지
발 행 처	
	http://www.crownbook.com
발 행 인	이상원
신고번호	제 300-2007-143호
주 소	서울시 종로구 율곡로13길 21
공 급 처	(02) 765-4787, 1566-5937, (080) 850~5937
전 화	(02) 745-0311~3
팩 스	(02) 743-2688, 02) 741-3231
홈페이지	www.crownbook.co.kr
I S B N	978-89-406-4417-1 / 13590

특별판매정가   23,000원

이 도서의 판권은 크라운출판사에 있으며, 수록된 내용은
무단으로 복제, 변형하여 사용할 수 없습니다.
Copyright CROWN, ⓒ 2021 Printed in Korea

이 도서의 문의를 편집부(02-6430-7009)로 연락주시면
친절하게 응답해 드립니다.